农村妇女脱贫攻坚知识丛书 ⑥

NONGCUN FUNU TUOPIN GONGJIAN ZHISHI CONGSHU

# 休闲农业百问百答

全国妇联妇女发展部
农业部科技教育司 组编
中 国 农 学 会

中国农业出版社

**图书在版编目（CIP）数据**

休闲农业百问百答／全国妇联妇女发展部，农业部
科技教育司，中国农学会组编 . —北京：中国农业出版
社，2017.8（2018.4 重印）
（农村妇女脱贫攻坚知识丛书）
ISBN 978 - 7 - 109 - 23050 - 7

Ⅰ.①休…　Ⅱ.①全…②农…③中…　Ⅲ.①观光农
业-问题解答　Ⅳ.①F304.1 - 44

中国版本图书馆 CIP 数据核字（2017）第 132429 号

中国农业出版社出版
（北京市朝阳区麦子店街 18 号楼）
（邮政编码 100125）
责任编辑　刘　伟　杨晓改

北京通州皇家印刷厂印刷　新华书店北京发行所发行
2017 年 8 月第 1 版　2018 年 4 月北京第 3 次印刷

开本：880mm×1230mm　1/32　印张：4.125
字数：135 千字
定价：18.00 元
（凡本版图书出现印刷、装订错误，请向出版社发行部调换）

# 农村妇女脱贫攻坚知识丛书
## 编审指导委员会

主　任：宋秀岩

副主任：张玉香　杨　柳

委　员：崔卫燕　廖西元　刘　艳
　　　　邰烈虹　杨礼胜　吴金玉

# 农村妇女脱贫攻坚知识丛书
## 编委会

执行主编：崔卫燕　廖西元

副 主 编：邰烈虹　刘　艳　杨礼胜
　　　　　吴金玉

委　　员：纪绍勤　孙　哲　任在晋
　　　　　杨春华　杜伟丽　邢慧丽
　　　　　奉朝晖　马越男　靳　红
　　　　　冯桂真　崔力娜　洪春慧
　　　　　陈元綵

# 本书编写人员

主　编：孙　哲　冯桂真　马俊哲

副主编：廖丹凤　毕　坤

参　编（按姓名笔画排序）：
　　　　胡　鑫　袁宏伟

# 编 者 的 话

经过近一年的努力,《农村妇女脱贫攻坚知识丛书》如期与大家见面了。这是全国妇联贯彻落实中央扶贫开发工作会议精神,积极推进"巾帼脱贫行动"的重要举措,也是全国妇联携手农业部等单位助力姐妹们增收致富奔小康的具体行动。

目前,脱贫攻坚已经到了攻坚拔寨、啃"硬骨头"的冲刺阶段,越是往后越要鼓足劲头加油干。在我国现有建档立卡贫困人口中,妇女占 45.6%。妇女既是脱贫攻坚的重点对象,同时也是脱贫攻坚的重要力量。必须看到,贫困妇女文化素质较低,劳动技能单一,创业就业能力和抗市场风险能力较弱,与所面临的艰巨任务的要求还有一定差距。着力促进提高贫困妇女的科学文化素质和脱贫增收能力,已经成为当前农村妇女工作首要而紧迫的任务,成为贫困妇女全面参与现代农业发展、打赢脱贫攻坚战的必然要求,更是贫困妇女姐妹的迫切希望。基于多年的农村妇女教育培训工作经验,应姐妹们的呼声和要求,我们组编了《农村妇女脱贫攻

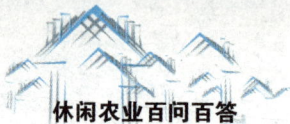

坚知识丛书》。本套丛书共八册，涵盖扶贫惠农政策法规、科学种植、科学养殖、果蔬茶加工流通、休闲农业、手工编织、妇女保健等方面。

　　全国妇联、农业部高度重视本套丛书的出版工作。全国妇联党组书记处专题研究丛书的立项，对工作的推进及时给予指导。农业部科教司、中国农学会与全国妇联妇女发展部通力合作，共同研究丛书大纲，邀请业内权威专家加盟丛书的编写，全国妇女手工编织协会和中国女医师协会也组织最精干的力量参与其中。各位专家和中国农业出版社、中国妇女出版社的资深编辑们精心设计、科学论证，以精品意识、工匠精神和强烈的责任感、使命感，倾情竭力打造这套丛书。丛书以姐妹们愿意看、喜欢看、看得懂、学得会、用得上为目标，力求内容上通俗易懂、简明扼要，形式上图文并茂、富有趣味，选题上契合农村妇女生产生活的实际需要和性别特点。

　　期待这套丛书能够帮助姐妹们提高科学生产、健康生活和脱贫增收的素质及能力，助力姐妹们叩响创业之窗、开启致富之门，依靠自己的勤劳与智慧，过上幸福美好的新生活！

编　者<br>2017 年 7 月

# 目　录

编者的话

1

■ 规划设计与建设发展篇

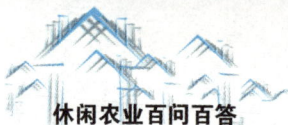

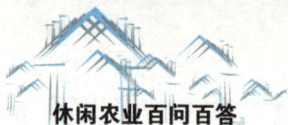

■ 实践案例篇

## 案例一 "三位一体"的生态农业休闲园规划 ·········· 89

## 案例二 突出"六养"，打造养生主题农庄 ·········· 93

## 案例三 欧美亲子农业经典模式 ·········· 96

# 概　念　篇

前　　言

## 1 什么是休闲农业?

　　休闲农业是利用农村自然景物、农业特色景观、农业生产设施设备、农业生产过程和传统农耕文化等资源,围绕人们的"休闲"需要而开发的具有观赏、采摘、体验、游览、度假、疗养等功能的一种新型农业产业形态或消费业态。

## 2 休闲农业的本质是什么?

　　休闲农业的本质是以城市居民为主要客源市场,以开发利用具有旅游价值的农业景观资源和农村人文资源为手段,将观光、休闲、度假等旅游休闲功能与农村生

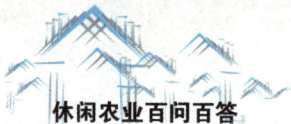

态、农业生产、农户生活、农耕文化及农村民俗等要素有机融合的特色产业，它具有生产功能、生态功能、生活功能、旅游功能、教育功能、增收功能等，是集生产、生活、生态于一体的多功能农业。

## 3 发展休闲农业能带来啥好处？

发展休闲农业，一是可以充分有效地开发利用农业资源，调整和优化农业结构，促进农业和旅游业的合理结合，建立新的"农游合一"的农业发展模式；二是可以增加旅游资源和农产品销售市场，同时还可以带动相关产业的发展，扩大劳动就业，增加经济收入，发展高效农业；三是可以保护和改善农业生态环境，塑造良好的乡村风貌，提高城乡居民的生活质量，达到休憩健身的目的；四是可以让游客了解农业生产活动，体验农家生活气息，享受农业成果，同时普及农业知识，促进城乡文化交流；五是可以开拓新的旅游空间和领域，使部分游客走进"农业"这一大世界，以减轻某些观光地人满为患的压力，缓解假日城市旅游地过分拥挤的现象。

## 4 休闲农业资源主要包括哪些类型？

发展休闲农业，首先要有它赖以发展的基础，就是休闲农业资源。简单来说，休闲农业资源是指在一定时间、地点条件下，能够产生经济、社会和文化价值，能为休闲农业旅游开发和经营所利用，为开展休闲农业旅游活动提供基础来源的各种物质和人文活动的总称。目前，休闲农业资源主要包括农业生物资源、自然资源、人文资源和现代科技资源。

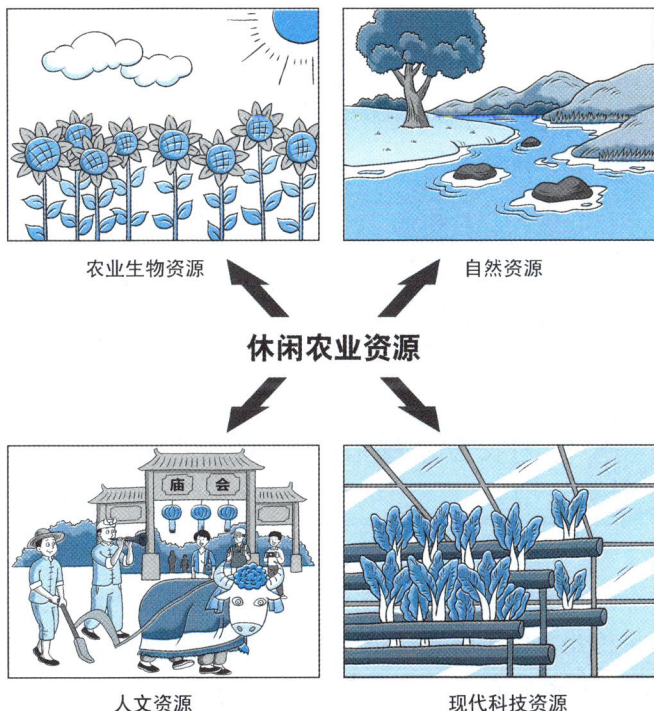

农业生物资源　　　　　　自然资源

**休闲农业资源**

人文资源　　　　　　　现代科技资源

### (1) 农业生物资源

农业生物资源是指可用于或有助于农业生产的生物资源，包括农作物资源（如粮食作物、蔬菜花卉等）、林木资源、畜禽品种资源、水产生物资源、蚕业资源、野生动植物资源、微生物资源等。

## (2) 自然资源

自然资源是指可利用的优越的自然条件，包括地理位置、气候、水文、地貌、土壤、植被等。

## (3) 人文资源

人文资源是指农业生产体验活动、农村人文环境和风俗习惯等，包括传统农具、农耕活动、民俗风情、民间谚语、民间歌舞等。

## (4) 现代科技资源

现代科技资源是指现代农业新品种、新技术和新成果，如无土栽培技术、滴灌技术、虚拟体验技术、名特优蔬菜瓜果等。

## 5 休闲农业从核心产业形态上分，有哪些类型？

从核心产业的形态来说，休闲农业一般可细分为休闲种植业、休闲林业、休闲畜牧养殖业、休闲水产养殖业和休闲农产品加工业5种形式。

## 6 休闲种植业有哪些具体形式？

休闲种植业即以种植业生产场所与活动为主的休闲农业业态，具体有观光田园、景观农业、家庭菜园、温室蔬菜等多种形式。

# 7 休闲林业有哪些具体形式?

休闲林业即以林、果生产场所与活动为主的休闲农业业态,具体有森林沐浴、森林野营探险、观赏景观林、采摘果园、温室水果等多种形式。

## *8* 休闲畜牧养殖业有哪些具体形式？

休闲畜牧养殖业即以动物养殖业生产场所与活动为主的休闲农业业态，具体有役畜表演、动物表演、狩猎表演、观赏动物（宠物）园、草原放牧、野生动物园等多种形式。

## *9* 休闲水产养殖业有哪些具体形式？

休闲水产养殖业即以水产养殖业生产场所与活动为主的休闲农业业态，具体有观赏鱼池、垂钓园、水上捕捞、水生动物表演等多种形式。

## 10 休闲农产品加工业有哪些具体形式？

　　休闲农产品加工业即以农产品加工场所与活动为主的休闲农业业态，具体有豆腐制作、葡萄酒制作、酸奶制作等多种形式。

## 11 休闲农业从经营主体上分，有哪些类型？

从经营主体上分，休闲农业一般分为农家乐、休闲农庄（园）和休闲民俗村镇 3 种类型。

## 12 农家乐有什么特点？

农家乐即农户利用周边美丽的自然环境以及当地的农业资源和自身的食宿条件，来满足客人休闲度假和舒

缓身心需要的休闲农业形态。农家乐作为休闲农业的初级形态，以"进农家院、吃农家饭、采农家果、观农家景、住农家炕"为特征，成本较低，受到城市居民的欢迎。实际上，农家乐的经营主体是农户。

## 13 休闲农庄有什么特点？

休闲农庄是集科技示范、观光采摘、农事体验、休闲度假于一体的具有综合庄园或园区性质的休闲农业高级形态。休闲农庄的出现，改变了传统农业仅专注于土地本身的大耕作农业的单一经营思想，客观地促进了农业向旅游业和服务业的拓展，从而带动了城乡要素的流动与发展。实际上，休闲农庄的经营主体是农业经营大户、农民专业合作社或农业企业。

## *14* 休闲民俗村镇有什么特点？

休闲民俗村镇即以村镇为单位，集传统的地域性民俗文化特色、自然景观与人文景观、农业资源与农事体验活动于一体，具有一定文化欣赏价值，并能提供旅游者吃、住、游、娱等服务的休闲农业形态。实际上，休闲民俗村镇的经营主体是村民小组、行政村或者乡镇。

## *15* 什么是农田观光？

农田观光是指利用农田的地形地貌以及其上所种植的具有一定色彩的庄稼所形成的美景或游乐条件，吸引游客观赏或游玩的一种休闲农业与乡村旅游项目，如油菜花海、葵花海、梯田、作物迷宫等。

## 16 什么是田园超市？

　　田园超市是近年来在城市近郊及一些经济发达地区发展起来的新型农业经营模式，是指农民将自己种植和

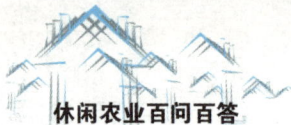

养殖的农产品向城市居民开放，让城市居民实际走进田园
或通过田园实时视频选（订）购农产品的一种直销方式。

## 17 休闲农园都有哪些类型？

　　休闲农园即休闲农业园区，主要有以下 7 种类型：
一是观光农园，即利用田园、果园、茶园和菜园等，为
游客提供观光、采摘、赏花、购物及参与生产等活动，
让游客享受田园乐趣的形态；二是体验农园，即利用优
美的农业环境、田园景观、农业生产、农耕文化、农家
生活等，为游客提供参与体验活动的形态；三是科技农
园，即以现代农业生产为主，发展设施农业、生态农
业、无土农业、农技博览等项目，为游客提供观光、休
闲、学习、体验等活动的形态；四是生态农园，即以农
业生态保护为目的兼具教育功能而发展的休闲农业形
态，如有机农园、绿色农园等，为游客提供生态休闲、
生态教育、生态餐饮等活动；五是休闲渔园，即利用水
面资源发展水产养殖，为游客提供垂钓、观赏、餐饮等
活动的形态；六是市民农园，即农民把土地分成若干小
块（一般以 1 分*地为宜）出租给城里市民，根据市民
要求，由农园人员负责日常管理，节假日承租者去参与
农业生产活动的形态；七是农业公园，也称"观光田
园"，即利用农业环境，营造农业景观，设立农业功能
区，为游客提供观光、游览、休闲、娱乐等活动的形态。

---

　　* 分为非法定计量单位，1 分≈66.7 米²。

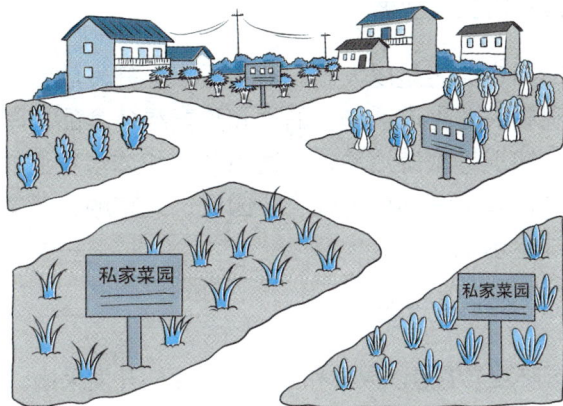

## *18* 发展休闲农业有哪些模式可以借鉴？

　　发展休闲农业，从国内外已有的实践探索来看，可以借鉴的模式有：田园农业旅游模式、民俗风情旅游模式、农家乐旅游模式、村落乡镇旅游模式、休闲度假旅游模式、科普教育旅游模式、回归自然旅游模式等。

## *19* 什么是田园农业旅游模式？有哪些具体形式？

　　田园农业旅游模式即以农村田园景观、农业生产活动和特色农产品为旅游吸引物，开发农业游、林果游、花卉游、渔业游、牧业游等不同特色的主题旅游活动，以满足游客体验农业、回归自然的心理需求的一种旅游模式。具体形式主要有：

### (1) 田园农业游

田园农业游是以大田农业为重点，开发欣赏田园风光、观看农业生产活动、品尝和购置绿色食品、学习农业技术知识等旅游活动，以达到了解和体验农业的目的的形式，如上海孙桥现代农业园区、北京顺义三高科技农业试验示范区等。

### (2) 园林观光游

园林观光游是以果林和园林为重点，开发采摘、观景、赏花、踏青、购置果品等旅游活动，让游客观看绿色景观，亲近美好自然的形式，如四川泸州张坝桂圆林风景区等。

### (3) 农业科技游

农业科技游是以现代农业科技园区为重点，开发观

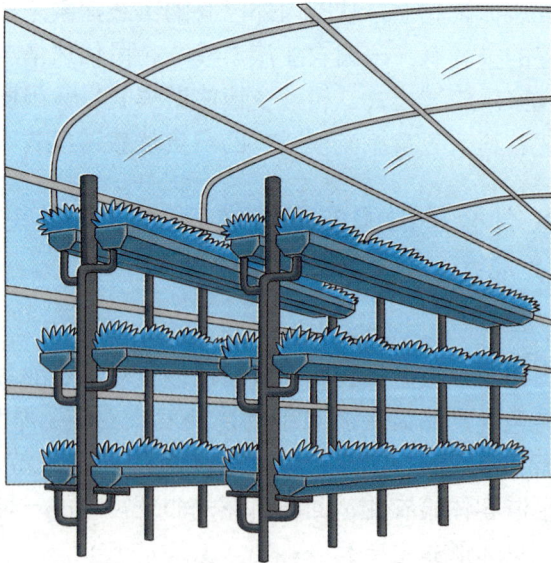

看园区高新农业技术和品种、设施农业和生态农业等旅游活动，使游客增长现代农业知识的形式，如北京市小汤山现代农业科技示范园等。

### （4）农事体验游

农事体验游是让游客通过参加农业生产活动，与农民同吃、同住、同劳动，接触实际的农业生产、农耕文化和特殊的乡土气息的形式，如广东高要广新农业生态园等。

## 20 什么是民俗风情旅游模式？有哪些具体形式？

民俗风情旅游模式即以农村风土人情、民俗文化为旅游吸引物，充分突出农耕文化、乡土文化和民俗文化特色，开发农耕展示、民间技艺、时令民俗、节庆展演、民间歌舞等旅游活动，增加乡村旅游的文化内涵的一种旅游模式。具体形式主要有：

### （1）农耕文化游

利用农耕用具、农耕节气、农耕技艺、农产品加工等活动，开展农业文化旅游的形式，如新疆吐鲁番坎儿井民俗园等。

### （2）民俗文化游

利用居住民俗、服饰民俗、饮食民俗、礼仪民俗、节令民俗、游艺民俗等，开展民俗文化游的形式，如山东日照任家台民俗旅游度假村等。

## (3) 乡土文化游

利用民俗歌舞、民间戏剧、民间表演、民间技艺等，开展乡土文化游的形式，如湖南怀化荆坪古文化村等。

## (4) 民族文化游

利用民族风俗、民族习惯、民族歌舞、民族宗教、民族节日、民族村落等，开展民族文化游的形式，如西藏拉萨娘热民俗风情园等。

## 21 什么是农家乐旅游模式？有哪些具体形式？

农家乐旅游模式即指农民利用自家庭院、自己生产的农产品及周围的田园风光、自然景点，以低廉的价格吸引游客前来吃、住、玩、游、娱、购等。具体形式主要有：

### (1) 农业观光农家乐

利用田园农业生产及农家生活等吸引游客前来观光、休闲和体验的形式，如四川成都龙泉驿红沙村农家乐、湖南益阳花乡农家乐等。

### (2) 民俗文化农家乐

利用当地民俗文化吸引游客前来观赏、娱乐、休闲的形式，如贵州郎德上寨的民俗风情农家乐等。

### (3) 民居型农家乐

利用当地古村落和民居住宅吸引游客前来观光旅游的形式，如广西阳朔特色民居农家乐等。

### (4) 休闲娱乐农家乐

以优美的环境、齐全的设施、舒适的服务为游客提供吃、住、玩等旅游活动的形式，如四川成都郫县友爱镇农科村农家乐等。

### (5) 食宿接待农家乐

以舒适、卫生、安全的居住环境和可口的特色食品吸引游客前来休闲旅游的形式，如江西景德镇的农家旅馆、四川成都乡林酒店等。

### (6) 农事参与农家乐

以农业生产活动和农业工艺技术吸引游客前来休闲旅游等。

## 22 什么是村落乡镇旅游模式？有哪些具体形式？

村落乡镇旅游模式是以古村镇宅院建筑和新农村格局为旅游吸引物，开发观光旅游的一种旅游模式。具体形式主要有：

### (1) 古民居和古宅院游

大多数是利用明、清两代村镇建筑来发展观光旅游的形式，如山西王家大院和乔家大院、福建闽南土楼等。

### (2) 民族村寨游

利用民族特色的村寨发展观光旅游的形式，如云南瑞丽傣族自然村、红河哈尼族彝族民俗村等。

### (3) 古镇建筑游

利用古镇房屋建筑、民居、街道、店铺、古寺庙、园林来发展观光旅游的形式，如山西平遥、云南丽江、浙江南浔、安徽徽州等。

### (4) 新村风貌游

利用现代农村建筑、民居庭院、街道格局、村庄绿化、工农企业来发展观光旅游的形式，如北京韩村河、江苏华西村、河南南街村等。

## 23 什么是休闲度假旅游模式？有哪些具体形式？

休闲度假旅游模式是依托自然优美的乡野风景、舒适怡人的清新气候、干净独特的地热温泉、环保生态的绿色空间，结合周围的田园景观和民俗文化，兴建一些休闲、娱乐设施，为游客提供休憩、度假、娱乐、餐饮、健身等服务的一种旅游模式。具体形式主要有：

### (1) 休闲度假村

以山水、森林、温泉为依托，以齐全、高档的设施和优质的服务为游客提供休闲、度假旅游的形式，如广东梅州雁南飞茶田度假村等。

### (2) 休闲庄园

以优越的自然环境、独特的田园景观、丰富的农业产品、优惠的餐饮和住宿，为游客提供休闲、观光旅游的形式，如湖北武汉谦森岛庄园等。

### (3) 乡村酒店

以餐饮、住宿为主，配合周围自然景观和人文景观，为游客提供休闲旅游的形式，如四川成都郫县友爱镇农科村的徐家大院乡村酒店等。

## 24 什么是科普教育旅游模式？有哪些具体形式？

科普教育旅游模式是利用农业观光园、农业科技生态园、农业产品展览馆、农业博览园或博物馆，为游客提供了解农业历史、学习农业技术、增长农业知识的一种旅游模式。具体形式主要有：

### (1) 农业科技教育基地

农业科技教育基地是在农业科研基地的基础上，以科研设施为景点，以高新农业技术为教材，向农业工作者和中、小学生进行农业技术教育，形成集农业生产、科技示范、科研教育于一体的新型农业科教园区的形式，如北京市小汤山现代农业科技示范园、陕西杨凌全国农业科技观光园等。

### (2) 农业观光休闲教育园

农业观光休闲教育园是利用当地农业园区的资源环境、现代农业设施、农业生产过程、优质农产品等，开展农业观光、参与体验、DIY 教育活动的形式，如广东高明蔼雯教育农庄等。

### (3) 中小学生农业教育基地

中小学生农业教育基地是利用当地农业种植、畜牧、饲养、农耕文化、农业技术等，让中小学生参与休闲农业活动，接受农业技术知识教育的形式。

### （4）农业博览园

农业博览园是利用当地农业技术、农业生产过程、农业产品、农业文化展示，让游客参观的形式，如辽宁沈阳三农博览园、山东寿光生态农业博览园等。

### 25 什么是回归自然旅游模式？有哪些具体形式？

回归自然旅游模式是利用农村优美的自然景观、奇异的山水、绿色的森林、荡漾的湖水，发展观山、赏景、登山、森林浴、滑雪、滑水等旅游活动，让游客亲近大自然、感悟大自然、回归大自然的一种旅游模式。主要类型有森林公园、湿地公园、水上乐园、露宿营地、自然保护区等，如浙江临安太湖源景区以及辽宁大连庄河歇马山庄、海王九岛等。

## 26 休闲农业的生产功能是怎么体现的？

　　休闲农业的生产功能即休闲农业所具有的生产农产品的能力。生产功能是传统农业的唯一功能或最主要的功能，休闲农业中的生产功能虽然与传统农业相比要有所下降，但依然占据重要地位，主要是通过农业生产活动或者进一步的加工活动，为游客提供名特优新的绿色农产品，以满足城乡居民对农产品的多方面需求。

绿色农产品

## 27 休闲农业的生态功能是怎么体现的？

休闲农业的生态功能即休闲农业所具有的维持以至改善生态环境的能力。休闲农业以保护农业生态平衡为前提，通过景观建设、农村生态环境保护，进一步增强当地的田园特色，构建自然与文化相融合的生态园林景观，有效地保护自然资源，减少环境污染，提高环境质量和生态效益。

# 28 休闲农业的生活功能是怎么体现的？

　　休闲农业的生活功能即休闲农业所具有的丰富人们物质生活特别是精神生活的能力。近年来，随着城乡居民生活水平的提高，人们不仅要吃好，还要生活得开心、充实，富有品位。休闲农业顺应了人们的这一生活需要。

## 29 休闲农业的旅游功能是怎么体现的？

休闲农业的旅游功能即休闲农业所具有的能够给人们提供旅游产品的能力。随着城市规模的扩大和人口的增加，以及环境污染的加剧，人们返璞归真、崇尚自然、寻幽探胜的愿望与日俱增，休闲农业可以满足人们的这种精神需求。广阔的草原、绿色的田野、清新的空气、纯朴的民风，会使游人乐而忘忧，彻底放松身心。同时，休闲农业还可为假日旅游分流游客，增光添彩。

## 30 休闲农业的教育功能是怎么体现的？

休闲农业的教育功能即休闲农业所具有的能够给人们提供接受教育的素材和活动的能力。农村丰富的乡土文物、民俗古迹、劳作过程可以为游客提供一个农业生态科普园地。通过参观和参与，游客将会更加珍惜农村的自然文化资源，进一步激发对劳动、对生活的热爱，提高保护自然、保护文化遗产、保护环境的自觉性。

## 31 休闲农业的增收功能是怎么体现的？

休闲农业的增收功能即休闲农业所具有的为经营者提高经营收入的能力。休闲农业属于劳动密集型产业，它能够促使农民利用农村的资源和环境，既不离土，也不离乡，实现就业和创业。此外，休闲农业的发展，不仅能够带动地方经济的快速发展，而且能够有效地带动周边地区的农民增收致富。

## 32 休闲农业的经济效益是怎么体现的？

休闲农业不仅可以提供安全无公害的鲜活农产品，以满足城乡居民的消费需求，实现农业增效；同时，可以增加就业岗位，提高农民收入。此外，休闲农业还通过旅游开发，发挥本地独特的资源优势，吸引游客，实现农业其他功能的开发和增值。影响休闲农业经济效益的主要因素有生产水平、主导农产品、资金投入、人才结构、发展规模、经营状况等。

## 33 休闲农业和乡村旅游之间是什么关系？

乡村旅游即以乡土观光、乡野休闲、乡俗体验、乡居度假为目的，以农业生产、农村风貌、农民生活为基本载体的旅游活动。休闲农业和乡村旅游的关系密不可分，休闲农业是乡村旅游发展的重要产品来源和物质基础；乡村旅游为休闲农业的发展带来了市场客源和动力。两者互为彼此搭建了平台，创造了良好的发展条件，可以说，两者互为基础，互补协调。

## 34 搞好休闲农业游要特别注意哪些方面？

　　休闲农业游，实际上属于乡村旅游的范畴，也属于旅游的范畴，其六要素就是吃、住、行、游、购、娱。一说"吃"，这是首要的，只有吃得好，才能游得好，所以一定要做到让客人吃饱、吃好、吃干净；二说"住"，不一定太贵、太豪华，因为游客出来主要是旅游，而不是来睡觉的，所以干净、舒适即可；三说"行"，要吸引游客来游览，首先要保证能进得去、出得来；四说"游"，这是核心，一定要让游客有兴致，并使之领略到更多新奇、乐趣和知识；五说"购"，异地他乡购物贵在奇特、新鲜，这也是游客的乐趣之一，要设法满足；六说"娱"，要积极创造条件，让娱乐成为游客流连忘返的"吸铁石"。

# 规划设计与建设发展篇

## 35 哪些地方适合发展休闲农业？

发展休闲农业，应该考虑选择资源含金量高、自然条件好、经济能力强、客源市场足、区位条件优、农业优势强的地区。

## 36 发展休闲农业，资源含金量高的意义是什么？

休闲农业资源的价值条件是其开发休闲农业的基础，也是休闲农业旅游发展的内在动力。休闲农业资源的质量和价值越高，其旅游吸引功能就越强，潜在的效益也就越大。

## 37 发展休闲农业，自然条件好的意义是什么？

休闲农业资源因受自然条件影响而具有明显的地域性和季节性。休闲农业开发地的综合自然条件在一定程度上决定了资源开发的类型和方向。自然条件对休闲农业资源开发的影响主要表现在其所在区域的地貌、气候、水文、土壤、环境质量状况等方面。

休闲农业与乡村旅游必须建立在优越的自然条件这一基础之上。一般来说，拥有温暖湿润的气候、充沛的地下水、丰富的地表水、优良的水文状况、丘陵和平原相间的地貌、肥沃的土壤、较少的灾害性天气等的地方，非常适合开发休闲农业与乡村旅游。

## 38 发展休闲农业，经济能力强的意义是什么？

选址所在地的社会经济发展程度和总体水平的高低直接关系到发展休闲农业与乡村旅游的经济条件，决定了该地休闲农业发展的人、财、物投入水平和旅游接待能力，以及城市居民出游的数量和消费水平等。

## 39 发展休闲农业，客源市场足的意义是什么？

客源市场条件决定着休闲农业与乡村旅游农业资源的开发价值和规模。因此，发展休闲农业，就是要选择具有充足客源条件的地区和项目，以使休闲农业与乡村旅游项目上马后就能获得理想的经济效益。

## 40 发展休闲农业，区位条件优的意义是什么？

　　休闲农业与乡村旅游开发的方向、规模和经济效益等在很大程度上取决于该地的区位条件。区位条件包括资源开发地的地理位置、交通便利性、依托城市和相关旅游区的方便程度、在区域经济中所处的地位等，即通常所说的地理区位、交通区位和经济区位。休闲农业与乡村旅游的区位选择应以市场为导向，一般布局在城市与农村的边缘地带较为有利。

## 41 发展休闲农业，农业优势强的意义是什么？

休闲农业与乡村旅游开发地的农业基础条件对其开发有着重大影响。事实上，农产品的种类、产量、商品率等和休闲农业与乡村旅游的开发有着密切的关系。一般而言，农产品的种类越丰富，可供休闲农业与乡村旅游开发的资源就越多；而农产品的产量和商品率则是休闲农业商品开发的基础和保证。此外，农副产品供应的种类、数量和保障程度对休闲农业与乡村旅游开发也有着较大的影响。因此，在休闲农业与乡村旅游开发前，应对当地的农产品种类、产量、商品率等农业资源条件进行仔细分析和研究。

## 42 休闲农业发展对自然条件有什么要求？

自然环境本身就是旅游资源不可分割的一部分，直接关系到旅游资源的品质。自然条件对休闲农业开发的影响主要表现在其所在区域的地貌、气候、水文等因素上。地貌因素决定休闲农业区的地表形态，从而会影响休闲农业区的可进入性及景观视觉。气候因素在一定程度上决定了休闲农业区的景观及其季节演替。水文因素对休闲农业的影响表现在两个方面：一是影响休闲农业区的生物生长和分布；二是决定休闲农业区生活用水和娱乐用水的质量和数量。可以说，一个地区的自然条件在一定程度上确立了其休闲农业开发的类型和方向。

## 43 农业基础条件对休闲农业发展有什么影响？

农业生产活动具有生产周期与自然周期相结合的特点，使农村地区在一年四季都会呈现不同的景观和内涵，这种变化正是农业具有休闲价值的重要基础。如果在时间变化中再加上农耕文化的节日庆典活动，无疑更加丰富了休闲的内容和乐趣，这就不难解释休闲农业为什么具有持续、强大的吸引力。因此，开发者在规划休闲农业旅游项目之前，应对依托地区的农业基础进行仔细分析和研究，结合自然条件，确定休闲农业旅游区开发的主要方向。

## 44 休闲农业发展对区位条件有什么要求？

　　游客的出游在很大程度上取决于目的地的区位条件，也就是说，区位因素与游客多寡具有一种正相关的特性。区位条件不仅包括旅游资源所在区域的地理位置、临近客源市场情况、可进入性等条件，还包括该旅游资源与周围旅游资源的互补性条件。作为兼有旅游功能的农业开发项目，休闲农业一般要求布局在距离城市或名胜古迹较近，同时交通又十分便利的地区，如公路沿线、江河两岸等地。

## 45 休闲农园应如何选择地址？

　　休闲农园选址应选择离城市、著名景区较近且公路交通非常便利之处，离城市5千米范围内最佳。为充分合理地利用自然环境条件，休闲农园应在具备以下5个条件的地方选址：一是丘陵多平地少的地方。在丘陵多平地少的地方，有利于巧妙地进行景观景物组合和空间布局，可以少占良田，不与国家有关土地政策相冲突，又可节省征地费用。二是无工业污染的地方。三是水源较好的地方。将休闲农园建在水源较好的地方，不仅可以解决休闲农园的用水问题，而且可以使休闲农园因为自然水源而具有更好的生态环境，使休闲农园充满灵气。四是居民少或者无居民居住的地方。五是土壤条件好的地方。

## 46 农业旅游园区怎样进行功能分区与项目规划？

　　农业旅游项目的开发是以园区内农业生产为基础的，功能分区时应尽量把握生产和旅游的平衡。一个完善的农业旅游园区一般应分为：

### (1) 观光休闲区

　　观光休闲区是旅游开发的中心区，应该把生产与餐饮、采摘、野营等活动结合在一起。

(2) 商贸服务区

商贸服务区分布在农业旅游园区的外部区域，主要为游人提供各种旅游商品购买和旅游服务。

(3) 严格保护的生产区

如绿色有机种植基地、规模化畜牧养殖中心、科研试验场所等。

## 47 生态农庄怎样进行功能分区与项目规划?

生态农庄内应包含餐饮住宿、农业生产、观光采摘、休闲娱乐、商品销售等条件，功能分区规划必须要实现要素的空间优化配置和经济活动在空间上的合理组合。生态农庄的功能分区是否合理会直接影响各项活动的开展。一方面，各项活动需要把分散在不同地理空间的相关要素组合起来，形成一系列特定的活动过程；另一方面，各种活动之间需要相互联系、相互配合。

## 48 哪些土地可以作为休闲农业用地?

2015 年 8 月，农业部等 11 部门下发了《关于积极开发农业多种功能  大力促进休闲农业发展的通知》，其中明确了以下几种情况可以作为休闲农业用地：一是农民的自有住宅，闲置宅基地；二是农村集体建设用地；三是农村"四荒地"（荒山、荒沟、荒丘、荒滩）；四是城乡建设用地增减挂钩；五是对社会资本投资建设连片面积达到一定规模的高标准农田、生态公益林等，允许在符合土地管理法律法规和土地利用总体规划、依法办理建设用地审批手续、坚持节约集约用地的前提下，利用一定比例的土地开展观光和休闲度假旅游、加工流通等经营活动。

四荒地

## *49* 休闲农业用地都有哪些限制？

休闲农业用地的限制：一是不得占用基本农田，二是不得超越土地利用规划，三是严禁扩大设施农业用地范围。进行建设用地管理就必然涉及农用地转用审批手续，农业设施兴建之前为耕地的，非农建设单位还应依法履行耕地占补平衡义务。这在无形中既增加了休闲农业开发建设的成本，又使得休闲农业开发变得更为复杂。

基本农田

## 50 休闲农业如何体现参与性？

　　亲身参与体验，自娱自乐，已成为当代旅游的新时尚。种瓜栽花、割麦插禾、锄草施肥等农耕参与型，采果、摘菜等农园采摘参与型，骑马、狩猎、垂钓、划船等健身康体参与型，品瓜、品果、品茶、品美食等农宴

品尝参与型，推磨、舂米、汲水、宰羊、杀鸡等日常生活参与型，泥塑、编织、刺绣、唱山歌、讲故事等民间手工艺和民间娱乐艺术习作参与型，"吃农家饭、住农家屋、干农家活、买农产品、享农家乐"的乡村民俗参与型，以及青年学生农业夏令营参与型和农副产品购物型等，都是最为普遍和常见的休闲农业参与型项目。城市旅游者只有广泛参与到农村生产、生活的方方面面中，才能多方面体验到农村的深层次生活情趣和农民情感。值得注意的是，参与性还应包括旅游地农民对休闲农业的参与性。因为农民是农村的主人、农业生产活动的主体，其本身就是一种最基本而又最活跃的旅游资源，只有把他们吸纳到这项旅游活动中来，让他们参与旅游活动的操作、参与旅游接待服务，才会使城市旅游者感受到原汁原味的农村、农业、农民文化氛围。因此，在休闲农业的规划设计和布局中一定要重视当地农民的参与。

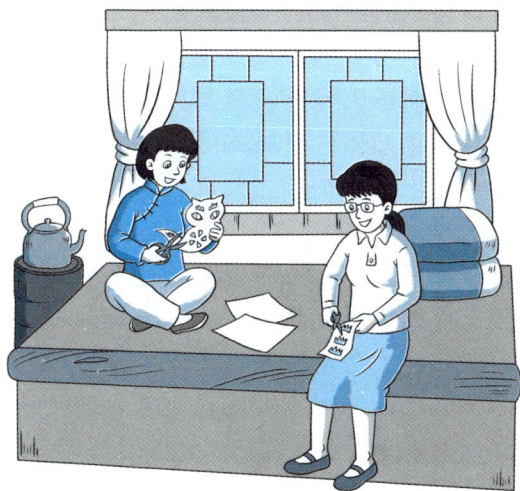

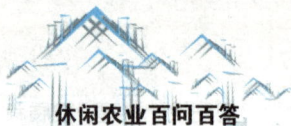

## 51 休闲农业园区为什么要整体开发？

　　休闲农业园区的开发建设是一项复杂的系统工程，具有很强的整体性。首先，在外部它要纳入到区域旅游发展布局的系统工程中，必须服从区域高层次或主系统发展战略；在区际突出自己的特色，按照"人无我有，人有我优，人优我特"的原则，在市场导向的前提下立足于自身资源和产品特色优势，开发出具有绝对竞争优势、明显区别于周边地区的休闲农业园区及其观光、休闲、度假产品。其次，在内部既要顾及各大功能区的整体协调，又要考虑产品营销全过程的协调。同时，休闲农业园区是以农业观光、农业休闲功能为主，兼有教育、娱乐、体育活动等多种功能的综合性旅游区，其功能区一般又包括观赏区、示范区、体验区、产品区等，其规划布局要求全面协调、整体发展。市场调研和预测、优势分析、产品设计和开发、旅游基础设施及其相关的农业生产设施的建设，以及市场开拓、产品的经营和管理等旅游营销全过程，可以说环环相扣，关联性极强，也需通盘考虑，整体优化。再次，休闲农业园区的周边多为农村，园区与农村是一个不可分割的整体，园区规划布局也应与农村建设规划相结合。只有建立在农村居民点和道路规划、土地开发整体规划、生态环境建设规划相吻合基础上的休闲农业园区规划，才会达到和谐而富有活力的效果。

## 52 做好休闲农业园区道路规划有什么重要意义?

休闲农业园区的道路,不仅是连接不同场景的线性单元,也是农业园区景观的视觉走廊。它可以将不同的景点和背景组成景观序列,让各要素组合井然有序、脉络清晰、标志鲜明,结合天际优美的轮廓,带给旅游者活动的便利和视觉的美感。科学合理的道路建设有助于吸引游客,提升项目整体质感,对园区的发展有着重要的作用。

## 53 休闲农业园区的道路应怎么设计?

做好休闲农业园区道路设计,必须坚持主次道路分明、突出主题、强化美学设计等原则。

### (1) 坚持主次道路分明原则

应根据其不同的功能加以明显区分。主要道路宽度要明显大于次要道路,起伏度小于次要道路。通过主次道路的规划,做到主要道路宽阔、通畅,次要道路美景满目、曲径通幽。

### (2) 坚持突出主题原则

主题是休闲农业园区的灵魂,不同类型的景点都应围绕主题而设计,游览线路在其中起着桥梁纽带作用。

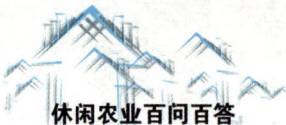

游览线路的设计应把握主题，将园区内各个主题鲜明的景观有机地连接在一起，以对旅游者产生强大的吸引力和震撼力。

### (3) 坚持强化美学设计原则

道路是指引游客前行的向导。在道路设计的过程中，一定要注意融入美学元素，一方面可以吸引游客，另一方面提升项目地的整体品质。

## 54 文化在休闲农业中有什么重要意义?

休闲农业无论是其外形还是内涵，只有突出各种不同的文化特点，才能吸引广大旅游者。对每个进入园区的人来说，不仅仅是观光看景，更是在接受某种文化的熏陶与影响。因此，文化在休闲农业中的作用不容忽视。注重旅游文化建设，就是要深入挖掘休闲农业的文化内涵，营造旅游文化氛围，建立一套具有一定特色的旅游文化体系。因此，研究休闲农业的文化特征就显得尤为重要。

## 55 如何使农家乐的外部环境体现田园风格?

农家乐要体现出乡村田园风格，使人内心充满宁静和舒适，触发对自然与朴实的向往。外部环境设计要注意以下两方面:

## (1) 建筑

建筑风格必须与当地民宅风格相一致，与周围环境融洽和谐，比如青砖黑瓦的木结构房屋，可在门前庭院搭起藤架，种上农家瓜果植物，也可以用枯藤景石营造出盆景，显得朴实优雅；院子里还可摆放一些反映当地浓郁传统文化和风土人情的劳动工具，如最能体现文化性的碾盘、石磨、耙犁、辘轳等。原始的农家用具既可装点庭院，又可用来开发娱乐项目，如教游客用辘轳提水，用耙犁犁地，用棉花纺线，用粗线织布等，这就是农家乐给城里人最好的娱乐项目。

## (2) 门前屋后

门前屋后的小路可用鹅卵石铺设，伸向幽静的小树林、小竹林，使游客产生遐想。林中茅草屋顶下的亭子里摆放几把竹椅，让客人喝茶聊天；竹质的篱笆墙脚下种上兰草菊花，篱笆墙里种上四季蔬菜，郁郁葱葱。设想一下，在这样的农家院里就餐休闲会是多么惬意！

## 56 如何使农家乐的内部环境体现田园风格？

农家乐内部环境体现田园风格，应该注意以下几点：一是农家堂屋，要有供客人休息的地方，配备当地农家特色的桌凳，在堂屋明显位置摆放农家乐宣传品、服务项目价目表、主要交通工具时刻表、旅游景区介绍等；二是农家的客房、洗手间、浴室，要求干净、卫生、整洁；三是农家院落要开辟必要的小菜园，种植鲜嫩的蔬菜，而且搭建必要的藤架，种上爬藤类植物，使院落郁郁葱葱。

## 57 发展休闲农业应如何实现农民增收脱贫？

发挥休闲农业在调结构、惠民生的集聚功能和平台作用，以农业发展、农民增收为出发点和落脚点，发展一批农家乐、小超市、小型采摘园等特色旅游到村到户项目，可以带动传统种养产业转型升级，促进农村经济发展和农民持续稳定增收。支持社会资本积极参与休闲农业发展，引导建立农民参与和利益共享机制，鼓励农民以承包土地入股等形式与企业进行合作，不断提高农民的资产性收益。探索农民自组织、自激励、自就业的创业模式，使休闲农业成为大众创业和农村富余劳动力就地就业的重要渠道。

## 58 发展休闲农业应如何实现有序发展？

加大休闲农业行业标准的制定和宣传力度，指导各地分层次制定相关标准，逐步推进管理规范化和服务标准化，促进休闲农业规范有序发展；引导各休闲农业经营主体树立开发与保护并重的意识，在统筹考虑资源和环境承载能力的前提下，加大生态环境保护力度，走资源节约型和环境友好型的发展道路，实现经济效益、生态效益、社会效益协调发展。

## 59 相邻休闲农庄发展应如何突出自己的特色？

对于彼此相邻的各个休闲农庄来说，最为可怕的是在休闲产品完全雷同的情况下恶性竞争。所以，在一定区域范围内的各休闲农庄应各具特色，只有如此才能相得益彰，形成良好的竞争合作关系。相邻休闲农庄可从突出主打产品的特色和突出辅助产品的特色来着手设计，如相邻的休闲农庄中，若甲农庄以种植业为依托，乙农庄就应以养殖业或其他产业为依托开发休闲农业项目。受气候、地貌、地质、土壤以及水资源等条件的制约，相邻休闲农庄往往无法避免所要主打的休闲产品上的雷同。在这种情况下，相邻的休闲农庄就应努力突出各自辅助产品的特色，如可采用

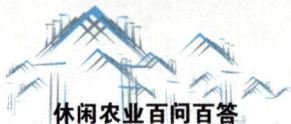

骑马、骑牛、骑毛驴之类的原始型交通方式，或坐滑竿、轿子等民俗型特种交通方式为休闲者提供交通服务，以突出自己的特色。同时，也可以在细微处着手突出特色。如在空坪隙地可栽上一些瓜菜将泥土遮盖起来，搭建一些较高的瓜棚、葡萄棚供游客休憩或用餐品茶，栽一些果树点缀美化环境等。但不必在空坪隙地建花坛、假山等费力耗资又不讨城市休闲者喜欢的景观。

## 60 休闲农业提档升级的途径有哪些？

为使休闲农业不断对游客产生吸引力，有必要对其进行提档升级。提档升级的途径主要有以下6种：一是景观升级，即对休闲农业和乡村景观进行挖掘和改造，强化对游客的吸引作用；二是产品升级，即开发有品位的休闲旅游产品，以丰富游客的旅游和消费需求；三是文化升级，即挖掘农耕文化和村落文化的内涵，为休闲农业增加厚度；四是规模升级，即通过围绕休闲农业的内涵进一步发展娱乐和旅游项目，并提高旅游接待能力，以提升休闲农业的经济效益和社会效益；五是组织升级，即通过发展旅游合作社、"旅行社＋旅游合作社＋农户"等形式，提升休闲农业的经营效率；六是营销升级，即通过运用互联网等现代手段，加快信息传播速度和扩大信息传播范围，提升休闲农业的知名度和影响力。

## 61 为什么休闲农业要做到全方位休闲体验？

当今，人们的休闲旅游需求日趋强烈，已不满足于单一的农家乐、观光、采摘等休闲农业体验模式，需求日趋多元化。面对这种市场需求，现代休闲农业园区，无论项目规模、主题定位如何，都必须从满足游客的体验做起，为消费者提供高品位、多层次、全方位的休闲体验。只有这样，打造出的休闲农业园才会吸引并留住八方来客。

## 62 如何为休闲农业项目进行 BOT 融资？

BOT 融资即合作的一方承担前期建设投资，在一定期限内实施运营管理并取得收益，期满后移交给另一

> 项目建成后，我们按合同的规定使用，到期后就属于你们了！

方的形式。休闲农业企业在实施 BOT 融资时，对于合作方能够带走产品的农业生产项目，完全可以采用契约式 BOT 融资；而对于投资较大的文化消费项目（如传统手工艺生产基地、演艺场所等），一般可以采用契约加股权式 BOT 融资形式，即合作方承担全部前期建设投资和永久性设施建设，合作期内由合作方经营管理取得收益。

## 63 休闲农业从业人员应该具备的职业道德是什么？

休闲农业从业人员职业道德的缺失，不仅会损害游客的利益，更会影响休闲农业园区的利益，不利于当地旅游形象的打造，对当地经济发展造成负面影响。休闲农业作为乡村旅游的重要组成部分，其从业人员应该遵守社会主义职业道德五项基本规范及旅游行业 72 字职业道德要求。五项基本规范：爱岗敬业、诚实守信、办事公道、服务群众、奉献社会。旅游行业 72 字职业道德要求：爱国爱企、自尊自强、遵纪守法、敬业爱岗、公私分明、诚实善良、克勤克俭、宾客至上、热情大方、清洁端庄、一视同仁、不卑不亢、耐心细致、文明礼貌、团结服从、不忘大局、优质服务、好学向上。

## 64 休闲农业从业人员应具备哪些职业技能？

职业技能是从业人员从事本职工作所必须具备的基础性技能，根据行业和岗位的不同，对职业技能的要求也不尽相同。休闲农业和乡村旅游的经营管理以及接待游客过程中的餐饮服务、导游解说等，都需要具有相应专业技能的人员才能满足游客多样化的需求。休闲农业和乡村旅游的经营管理者不仅要具备良好的市场开拓、市场运作、公关交际能力，还应该对休闲农业、乡村旅游的经营管理有着自己独特的见解，以避免休闲农业与乡村旅游项目落入千篇一律的俗套；餐饮服务员应掌握菜肴的制作技术并了解营养、卫生常识，具备熟练的餐台服务技能，为游客营造舒适的用餐环境；导游解说人员要了解景物的专业知识，并具备合理安排游客游览行程及处理游客突发状况的能力。

# 营　销　篇

**65** 从供给的角度来说，休闲农业产品主要
分哪几个层次？

　　从休闲农业供给的角度来说，休闲农业产品主要包
括初级农产品、加工品以及具有旅游产品性质的农业景
观、农业体验性实物和为休闲者提供的各项服务等，是
实物和服务的总和。它主要包含核心层次、形式层次和
延伸层次3个层次的产品。

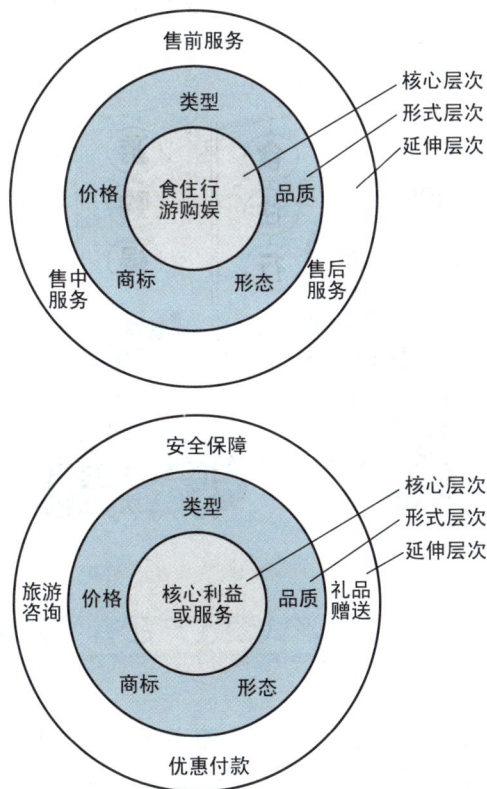

## 66 休闲农业的核心层次产品有什么特点？

　　核心层次是休闲农业产品的基本效用，即使用价值层次，它主要通过旅游的六大要素——食、住、行、游、购、娱的整体性融合集中体现出来。休闲农业消费者大都是城市居民，他们对六大要素的要求有特定的偏好，消费者获得了核心层次的效用就获得了核心利益。因此，休闲农业的核心层次产品具有向消费者提供基本休闲效用的特点。

## 67 休闲农业的形式层次产品有什么特点？

　　休闲农业核心层次产品向旅游者提供了基本的使用价值，但是市场上无论实物产品还是纯粹的劳务产品，其基本使用价值必须依托某种形式的载体才能实现交换，所以第二个层次是产品借以实现的形式，即市场上出售休闲农业产品的实物或劳务的外观。即使是纯粹的劳务产品，如园区导游讲解、茶艺表演、民俗歌舞等，也具有类似形式上的特点。因而，任何一件休闲农业产品都具有某种特定的外观。形式层次产品包括类型、品质、形态、商标、价格等。

## 68 休闲农业延伸层次产品有什么特点？

延伸层次产品是指休闲农业经营者为消费者在购买和消费过程中所提供的相应服务和附加利益，如旅游咨询、优惠付款、礼品赠送和安全保障等。休闲农业经营者利用附加利益和附加服务等延伸层次产品能够提高休闲农业核心层次产品和形式层次产品的满意度和信任度。

## 69 休闲农业可以开发哪些餐饮？

以休闲农业为依托的餐厅美食已经成为一个地方休闲农业与乡村旅游的吸引物。除了要在干净卫生、原汁原味、营养健康、用餐环境、餐饮文化等方面下工夫外，可主推特色菜系列，做到"一招鲜"，最终通过餐饮主导带动住宿、会务、娱乐、购物、体验等环节，形成良性互动效应。所能开发的餐饮主要有以下几种：

**(1) 特色早茶**

如水煮花生、煨芋头、煨红薯、石灰池泡蛋、现制豆浆、手工米粉、甜酒等。

**(2) 农家饭菜**

这应是农家乐和农庄的主要餐饮。此外，可以将农家饭菜与酒店菜肴相结合，满足不同客人的不同需求。

**(3) 特色预订**

如烤全羊、三鞭药膳等，有的特色菜可以常备，有的可以要求预订。

**(4) 宴会接待**

交通比较便利的可以接待生日宴、婚宴、聚会宴、会议宴、培训宴等。

(5) 自助烧烤

既可作为吸引游客的游乐项目，又可作为一项特色餐饮服务。

(6) 特色外卖

如现场制作的烤鸭、臭豆腐、麻辣香干等可进行外卖。

# 70 休闲农业可以开发哪些旅游商品？

休闲农业与乡村旅游，除了餐饮和住宿，还可尝试开发以下旅游商品，以增加利润。

(1) 低成本的商品

现摘的黄瓜、茄子、番茄等农家蔬菜就是最好的旅游商品，而且成本比较低。

(2) 经过包装的商品

现摘的毛豆、现刨的花生、刚刚打下的大枣，虽然新鲜，但散碎不易携带。可以在秋天砍下些荆条、柳条等，冬闲时编成小筐，作为产品包装筐，扎上彩带彩条进行装饰，既好看又好携带，还可以作为礼品送人。

(3) 城里不易买到的商品

自酿的米酒、散养的柴鸡、屋檐下挂着的红辣椒，以及当年收获的小米、黄豆、核桃、山楂等，都是城里人不易买到的，可以作为旅游商品向游客销售。

### (4) 有本地特色的旅游纪念品

用废旧毛线钩成的凳子套、用碎布头做的老虎鞋、用彩线绣的鞋垫、用彩纸剪成的窗花……这些看似普通的东西，实际上都可以开发成特色旅游商品。

总之，当地人看起来最普通的东西，是最民俗的，也是最受城里人欢迎的商品。

## 71 农业观光园如何进行消费者定位？

农业观光园的消费者应主要定位于具有中高收入水平、较高的文化程度、平时工作较为繁忙紧张的城市白领人士，追求时尚和猎奇体验的城市青年群体，以及注重天然、环保、健康、休闲的城市居民和家庭。

## 72 农业观光园的产品类型都有哪些?

农业观光园的产品类型主要有园内即时性消费产品、园外延时性消费产品两大类。园内即时性消费产品是指在农业观光园休闲的同时可供消费的物质类产品、服务类产品、环境设施类产品等;园外延时性消费产品是指园区的各类相关信息、生产生活消费的理念、消费后的满足感、学习获得的新知识、购买的物质产品等。

## 73 农业观光园的产品实现方式都有哪些?

(1) 发展种养结合的循环农业生产,包括农业设施建设、空间景观设计等。

(2) 提供服务,除有关食、住、行、游、购、娱等

服务以外，还应包括特色农产品的提供与服务，如绿色有机蔬菜、绿色有机畜产品、温室奇异蔬菜瓜果花卉等农产品的提供与服务等。

## 74 发展休闲农业如何分析和预测市场？

观光休闲农业是源于城乡间地理环境的差异而引导城市居民去农村进行旅游消费的新型产业，周边城市居民无疑是其主要的潜在客源市场。而且城乡间地理环境的差异越悬殊，其潜在客源市场就越大。但城市规模、城乡间的空间距离、交通便捷程度、城市居民的收入水平及其旅游消费偏好等，都会因时因地而异，分析和预测市场也就势在必行。因此，必须通过市场调研以查清游客来源、客源类型、市场规模、客流规律、游客消费能力，以及规划布局地周边一定距离内有无竞争的同类型观光休闲农业旅游景区、景点或项目等。

## 75 休闲农业应挖掘的客源市场有哪些？

客源是旅游业发展的生命线，所以对客源市场的分析和预测是旅游开发的前提。当前，主要存在以下5种客源市场：

### (1) 传统观光旅游市场

传统的观光旅游市场仍是休闲农业发展的重点。农

村优美的自然景观和富有乡村野趣的农村生活，对久居
城市的人们有着不可抗拒的吸引力。农业观光旅游集田
园风光和高科技农业于一体，满足了旅游者回归大自然
的需求。可以采用农场的形式，引种蔬菜、瓜果、花
卉、苗木，养殖各种动物，使游客既可以参观，也可以
品尝或购买新鲜的农副产品。

### (2) 城市白领度假旅游市场

现在很多白领都喜欢利用周末及假期去郊区度假，
以放松紧绷的神经。可利用乡村良好的自然环境和独特
的农耕文化，满足他们贴近自然、体验农业的需求。尤
其是城市周边的体验农园、度假农场及旅游度假村，是
城市白领常去的地方。

### (3) 游览、体验农家生活的学生市场

青少年旅游观光，体验生活，是开阔视野、提高综

合能力的途径之一。很多家长都希望孩子能够在学习之余，去更多地感受外面世界的精彩。如果能够针对这一部分学生市场，建设一些观光学习的农场或体验馆，也是不错的选择。

### (4) 怀旧市场

中国很多城市居民都在乡村生活过，有的甚至出生在农村或者在农村从事过劳动。迁居到城市后，面对着日益现代化的生活环境，他们常常回想起农村的朴素田园，并且渴望回到故地生活，重温昔日情景。在我国，这类旅游者的数量非常大，他们的"乡愁"情结使他们喜欢体验地道的农村自然环境。

### (5) 猎奇及取经的农民市场

把目标锁定在城市居民市场的开发上而忽视农村客源市场是观光农园经营策略上的通病。事实上，观光农

园因其高科技性和展示性对广大的农民来说也具有相当大的吸引力。

## 76 休闲农庄常用的营销手段有哪些?

休闲农业常用的营销手段主要有合作共赢、基地制胜、组合营销、市场细分、借势发展、形象塑造、主题营销、创新求异等。

## 77 休闲农庄如何实现合作共赢？

要实现合作共赢，可以与采购商合作发展订单农业；与旅行社建立合作，将其纳入旅游线路；与周边景区合作，互换客源；与户外运动俱乐部合作，将其作为拓展基地；与媒体、网站合作，组织交友活动；与超市合作，购物送折扣消费券；与影楼合作，建外景婚纱拍摄基地；与周边农民合作，成立农村旅游专业合作组织等。

## 78 休闲农庄如何实现基地制胜？

要实现基地制胜，可以将休闲农庄建成后勤基地、原料基地、科研院校实践基地、环保教育基地、科普教育基地、爱国主义教育基地、感恩教育基地、大型公司

VIP 客户俱乐部活动基地、会议培训基地、艺术家创作基地、休闲农业参观培训基地等。

## 79 休闲农庄如何实现组合营销？

要实现组合营销，可以采用套票营销、积分营销、折扣营销、会员制营销、产权制营销、租赁制营销、事件营销、注意力营销、节日营销、主题活动营销、体验营销、售后跟进营销、客源地营销、展会巡回营销等形式。

## 80 休闲农庄如何做到市场细分？

要做到市场细分，可以针对学生群体、儿童群体、妇女群体、教师群体、自驾群体、高端群体、老年群体、稀有产品、稀有服务等分别进行策划与营销。

## 81 休闲农庄如何实现借势发展？

要实现借势发展，可以采取借社会焦点新闻之势、借文化娱乐热点之势、借名人之势、借著名企业之势、借聘请的荣誉村民之势、借与社团协会建立合作之势、借与电视户外节目合作之势、借撰写典型发言材料之势、借主动向媒体记者爆料之势、借加入相关行业协会之势等形式。

## 82 休闲农庄如何实现形象塑造？

休闲农庄要塑造形象，可采取制作规划示意与导游路牌，拍摄宣传短片，制作动漫短片，设计吉祥物图案、视觉识别系统、声觉识别系统、味觉识别系统、导游手册与标识牌，征集宣传口号和对联、电子画册、经典游记，设计短信营销、特色名片、商业信函、农庄歌曲等形式。

## 83 休闲农庄如何实现主题营销？

休闲农庄要实现主题营销，可通过爱情主题营销、生日主题营销、聚会主题营销、忆苦主题营销、知青主题营销、美食营销、特产营销、宗教祈福、以棋会友等来达到目的。

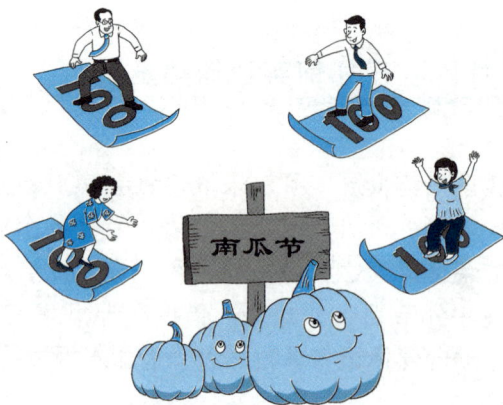

## 84 休闲农庄如何实现创新求异？

休闲农庄要实现创新求异，可以让游客参与农庄建设、举行趣味拍卖会、预订个人专属产品显示尊贵效应、举行公益活动或行为艺术活动、设立私人收藏博物馆、成为当地标志性地名和公交站名等。

## 85 休闲农业的营销推广渠道有哪些？

休闲农业营销推广渠道主要有常规广告、公共关系宣传、营业即时推广、人员主动推广、意见领袖推荐等。

## 86 如何利用常规广告进行休闲农业的营销推广？

宣传广告是一种高度大众化的信息传播方式。其优点是艺术表现力强、覆盖面广、信息传播速度快、可多次重复宣传。其缺点是传递信息量有限、信息停留时间短、购买行为具有滞后性、成本较高。广告宣传包括平面印刷品广告（报纸、杂志等）、电台广告、电视广告、网络广告、外包装广告、宣传册、招贴画、传单、工商名录、黄页、广告牌（如高架广告、站台广告）、陈列广告（如音像资料、旅游信息触屏）等。

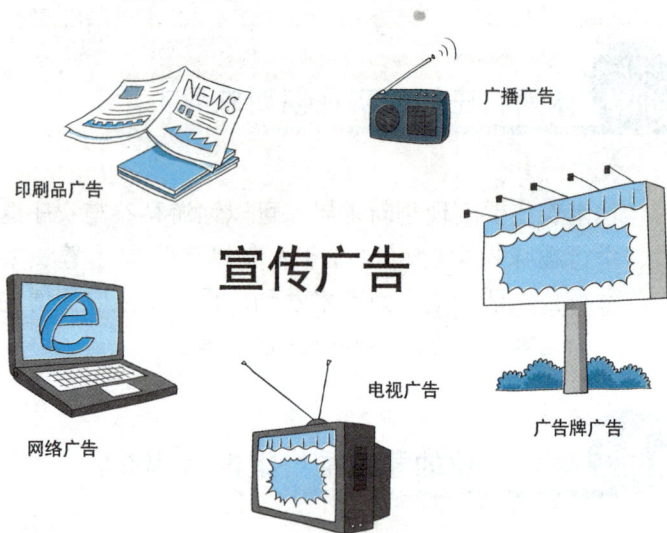

印刷品广告

广播广告

宣传广告

网络广告

电视广告

广告牌广告

## 87 如何利用公共关系宣传进行休闲农业的营销推广?

公共关系宣传的主要目的是为了和公众达成良好的关系，在公众中建立起知名度和美誉度。其优点是借助第三者传递信息，影响力较大，可信度较高，容易赢得公众信任，有利于树立形象。缺点是活动设计有难度，组织工作量较大，且不能直接达到销售效果。公共关系

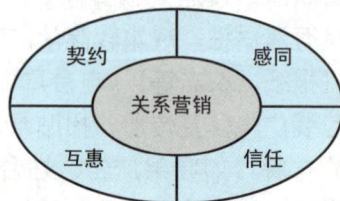

宣传包括媒体采访、软文宣传、新闻发布会、研讨会、公开演讲、年度报告、赞助活动、慈善捐助、出版作品、游说、公司内部杂志、邀请旅行社考察、举办客户联谊会及利益相关者联谊会、定期拜访与沟通等。

## 88 如何利用营业即时推广进行休闲农业的营销推广？

营业即时推广是指休闲农业经营者在某一特定时间和空间范围内进行刺激销售的促销方式。其优点是刺激性强，对顾客的吸引力大，迅速激发顾客需求，能在短期内改变顾客的购买习惯。缺点是注重短期销售利益，使用不当可能导致顾客的不信任。休闲农业旅游在萌芽期往往尚未得到旅游者的关注，采用营业即时推广能加快新产品进入市场的速度，产生立竿见影的强烈效果。营业即时推广包括竞赛、游戏、兑奖、组织旅游展览会和农业博览会、现场表演、赠品、赠券、款待、返还佣金、折价交易、开发会员俱乐部、创作文学作品、创作旅游歌曲等。

## 89 如何利用人员主动推广进行休闲农业的营销推广？

人员主动推广是指与顾客面对面进行宣传的促销方式。它包括推销和直销两种形式，是最直接的促销方式。其优点是与旅游者面对面沟通，针对性强，易培养与旅游者的感情，建立长期稳定的联系。缺点是覆盖面小，平均销售成本较高。这种营销方式对销售人员的要

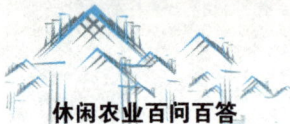

求较高，需要经过专业培训。人员主动促销策略主要用于目标市场和旅游中间商。人员主动推广包括派员推销(分区销售代表)、会议推销、电话推销、书面推销、社区推销、网络营销、电视营销、参加旅游交易会、传真、邮购等。

## 90 如何利用意见领袖推荐进行休闲农业的营销推广?

意见领袖推荐是口碑传播的最好形式。"意见领袖"是指在一个参考群体里，因特殊技能、知识、人格和其他特质等因素而能对群体里的其他成员产生影响的人，是某个群体关系的轴心。口碑营销要成为休闲农庄营销的"利剑"，必须抓住口碑营销的关键载体——意见领袖。乡村休闲旅游口碑传播的意见领袖主要是旅游专家、媒体记者、行业主管部门官员、社团协会负责人、旅行社工作人员、户外运动领队、旅游网站版主等。休闲农业经营者可以采取聘请战略顾问或形象代言人的形式来发挥意见领袖的作用。需要注意的是，意见领袖不能夸大其词，真诚与真实地传递正面信息才能获得长久、良好的口碑。

## 91 什么是网络营销?

网络营销是指以互联网为基本手段，营造网上经营环境的各种活动。网络对消费者行为有着巨大的影响，企业的网络营销越来越影响到其整个营销战略的成败。

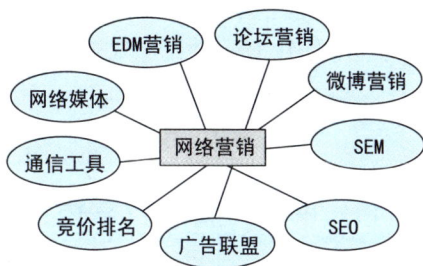

## *92* 基于传统网络渠道的网络营销方式有哪些？

传统的网络渠道下，企业通常采取建立自己的门户网站、投放网络广告及开展网络促销活动等形式来进行网络营销。这些网络营销的渠道都是以个人计算机为主的上网终端，采用大众传播的形式。

## *93* 如何利用门户网站进行营销？

门户网站是企业最早采用的网络营销渠道。休闲农业经营者通过建立自己的门户网站，可以为大众了解自己提供一个窗口，也有利于自身形象的传播。休闲农业经营者利用门户网站进行营销，即在门户网站上发布自身的简介、自己的文化、主要产品或服务、所获得的荣誉等信息，让大众了解自己及自己的主

要产品和服务,从而达到扩大宣传和促进销售的目的。门户网站能够在一定程度上促进休闲农业产品或服务的推广,但这种营销方式被动且不易到达目标客户群,网民也很少会因产品或服务主动去关注其门户网站,从而致使这种形式的营销效果并不理想。

## 94 如何利用网络广告进行营销?

相比门户网站,网络广告是一种有效的网络营销方式。网络广告的形式包括网页广告、流媒体视频广告、网络软文等。由于网络广告的投入费用相对较低,因此可以通过高覆盖率和高频次帮助休闲农业经营者迅速树立品牌。但是另一方面,正是由于网络广告投放的费用较低,网络上充斥的各种网络广告太多,容易引起网民的厌恶情绪。

## 95 如何利用以团购为代表的网络促销活动进行营销?

以团购为代表的网络促销活动也是休闲农业经营者进行网络营销的重要手段。团购在形式上找准了公众心理,商家通过与团购网站合作,推出折扣产品,吸引消费者前往体验商家的产品或服务,对商家的产品或服务留下深刻印象从而进行二次消费。团购的形式在推行初期广受追捧,然而因为产品价格上的折扣往往导致用户体验低于预期,进行二次消费的可能性并不大，并不是一种长期有效的网络营销方式。

## *96* 什么是新媒体营销？

新媒体是利用数字技术、网络技术、移动技术，通过互联网、无线通信网、卫星以及电脑、智能手机、数字电视机等终端，向用户提供信息和娱乐服务的传播形态和媒体形态。

新媒体营销是一种新的市场营销方式和手段，休闲农业经营者应该借助互联网及电脑、智能手机、数字电视机等数字化互动式新媒体进行品牌形象塑造和产品宣传。新媒体营销的实质是借助参与式媒介，以"人际传播"的模式取代"大媒介广播"模式，在电子化、信息化、网络化环境下进行产品生产定价和销售渠道、促销方式等的设计与实施。

## 97 新媒体营销有哪些特点？

### (1) 传播速度快

在任何时间和地点，休闲农业经营者都能够更容易、更快速地接触到更多受众和寻找到目标客户群体，短期内提升自己的知名度。

### (2) 交流互动性强

新媒体的本质是人与人之间的交流，以快速、互动、即时的沟通模式取代单向、压迫式的广告传播，所以交互设计使休闲农业经营者能与顾客直接沟通和互动，实现了真正意义上的分众沟通。

### (3) 营销成本低

在新媒体营销过程中，可以借助先进多媒体技术手段，以文字、图片、视频等表现形式对产品、服务进行描述，所以新媒体营销的花费比传统媒体营销预算更为可控，也更低廉。

### (4) 持续时间长

新媒体营销作为一种新型营销手段，可以随时随地进行，无时间限制。休闲农业经营者要想取得好的效果，必须持续进行新媒体营销。

## 98 休闲农业经营者如何开展博客营销？

　　博客营销，简单来说就是利用博客这种网络应用形式开展的网络营销。博客是为每个人提供一个信息发布、知识交流与传播的平台，博客使用者可以很方便地用文字、链接、影音、图片建立起自己个性化的网络世界。博客内容发布在博客托管网站上，如博客网、谷歌属下的 Blogger 网站等。这些网站往往拥有大量的用户群体，有价值的博客内容会吸引大量潜在用户浏览，从而达到向潜在用户传递营销信息的目的。因此，休闲农业经营者可以开设自己的博客，在博客上与客户互动，在博客上发表最新动向，在博客上发表旅游达人的见闻，吸引游客参加线路设计等，从而吸引客户浏览，以推介自己的形象和产品或服务，进而培育和挖掘客户群。

## 99 休闲农业经营者如何开展搜索引擎营销？

　　搜索引擎营销是全面、有效地利用搜索引擎进行网络营销和推广的营销方法。作为新媒体营销中主要的营销手段之一，其拥有巨大的用户访问量。搜索引擎营销不仅使消费者利用搜索引擎获取具有价值的信息，而且利用被用户检索的机会使休闲农业经营者能

够及时、准确地向目标客户群体传递产品或服务信息，挖掘更多的潜在客户，帮助自己实现更高的转化率。搜索引擎营销的主要模式分为4种：搜索引擎登录、搜索引擎优化（SEO）、关键词广告和竞价排名。休闲农业经营者要学会利用搜索引擎开展营销活动。

## *100* 休闲农业经营者如何开展虚拟社区营销？

虚拟社区又称在线社区或电子社区，是指在网络空间中由于网民之间频繁的互动而形成的具有文化认同的共同体及其活动场所。虚拟社区营销就是休闲农业经营者利用虚拟社区这种网络交流的平台，通过文字、图片、视频等方式发布自己的产品或服务信息，从而让目标客户更加深入地了解自己的产品或服务，最终达到宣传产品、服务和品牌，加深市场认知度的目的的网络营销活动。由于虚拟社区提供各种信息交流手段，如讨论、聊天、通信等，使"社区居民"得以互动；同时，虚拟社区与现实社区不一样，人们的交流不受地域的限制，每个人在里面只是一个符号的代表，人际关系比较松散。因此，休闲农业经营者要善于利用有些虚拟社区开设的广告免费发布区，宣传自己的形象和产品或服务，也可以参与一些和自己的产品或服务有关的问题讨论，通过和别人讨论或解答问题，达到间接推广自己的产品或服务的目的。

## *101* 休闲农业经营者如何开展 SNS 营销？

　　SNS 营销即社交网络营销。SNS 是社交网络的模式，如开心网等。如果利用这个模式所发展的人脉进行营销，那就是 SNS 营销，例如淘宝的玩偶销售就是如此。SNS 营销是利用"人传人"的营销方式，也就是只有认识的人才有权购买。鉴于此，休闲农业经营者可以通过 SNS 发展自己的人脉，借助 SNS 平台推介自己的形象和产品或服务，并了解客户的显性需求和潜在需求，从而培育和挖掘自己的客户群。

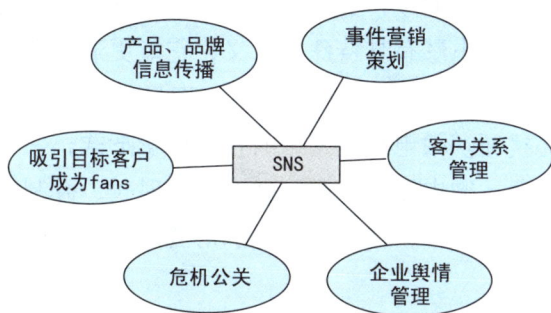

## *102* 休闲农业经营者如何开展微博营销？

　　微博的出现使得企业与个人参与网络交流的行为更加方便和频繁，微博也是休闲农业经营者新媒体营销的一种渠道。因为微博营销成本低、用户使用方便、客户黏合度高，休闲农业经营者纷纷开通微博，吸引了更多游客的关注。开展微博营销主要有企业官方微博与旅游界名人微博两种方式，休闲农业经营者可以在实际应用中进行选择，既可以建立自己的官方微博，也可以借助旅游界名人的微博，宣传和推介自己的形象及其产品或服务。

## 103 休闲农业经营者如何开展微电影营销？

    微电影，即微型电影，又称"微影""小型电影"，是指在电影和电视剧艺术的基础上衍生出来的小型影片，具有完整的故事情节和可观赏性。从视觉停留的角度来讲，微电影有其特殊的意义，它能更清楚地让观众记得发生在 30 分钟以内的故事，而且在长时间内，依然记忆犹新。微电影是网络时代的电影形式，名称富有中国特色。微电影之"微"就在于微时长、微制作、微投资，以其短小、精练、灵活的形式风靡于互联网。微

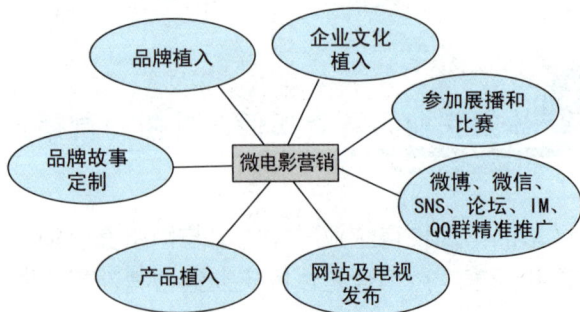

电影兴起于各种参差不齐的"小短片"，来自于各种相机、数码摄像机、手机等。由于微电影使得人们可以方便地应用移动终端观看浏览，众多休闲农业经营者纷纷运用这种方式来进行营销。如杭州千岛湖景区就通过《情定千岛湖》微电影吸引了众多游客；西溪湿地的《I SEE 西溪》演绎了独特的杭州传奇，吸引了无数游客。

## 104 休闲农业经营者如何开展微信营销？

微信"一对一"的互动交流方式具有良好的互动性，在精准推送信息的同时更能形成一种朋友关系。基于微信的种种优势，借助微信平台开展微信营销也成为继微博之后的又一新兴营销渠道。休闲农业经营者可以通过建立自己的微信公众号或者向微信朋友圈、微信好友发送微信的形式，以推介自己的企业形象和产品或服务，并了解客户的显性需求和潜在需求，从而培育和挖掘自己的客户群。

## 105 休闲农业经营者如何开展手机报营销？

手机报就是报纸、移动通信商和网络运营商通过手机这一新媒介联手搭建的信息传播平台。手机报营销就是利用手机报这个平台开展营销活动的一种形式。鉴于此，休闲农业经营者可以把自己的简介、自己的文化、主要产品或服务等信息内容以文字、彩图、动漫等形式通过手机报这一无线技术平台发送到彩信手机上，从而达到宣传和推介自身及其产品或服务的目的。手机报相比传统的纸质媒介拥有传播速度快、受众范围广、互动性强等特点。

实践案例篇

# 案例一
## "三位一体"的生态农业休闲园规划

目前,生态农业休闲园悄然兴起,日益受到人们的重视。生态农业休闲园的内涵解析要从生态与农业入手。

● **生态特性** 生态特性主要反映在休闲园的建设中,旨在保证园区的可持续发展,是园区永葆生机的重要条件。要实现生态性,规划建设中要做到以下几点:以保护景观自然资源和生态农业环境为基础,以休闲园区内外环境衔接和和谐发展为重点,休闲园区的功能组成、空间布局要突出对自然环境的保护,休闲园区内所有设施建设要以减少对自然原生态的破坏为前提,工作人员的管理行为和游客的游玩行为要体现园区保护意识。

● **农业特性** 以农业为依托发展旅游,所得物质性产品要维护农业的可持续发展。休闲园具备农业的生产功能,在充分发挥农业资源的天然属性、保留农业资源本质景观的基础上,注重衍生产品开发,实现功能的多样性。

● **休闲特性** 休闲园要有可供游客休闲娱乐的场所。休闲特性体现得好与坏直接决定着游览园区的旅游者数量,决定着景区未来的发展后劲。所以,休闲特性作为与旅游者密切相关的特性,必须鲜明而有特色。

"三位一体"的生态农业休闲园能够使园区具备生态、生产和生活等多种功能,可实现环境、经济和社会

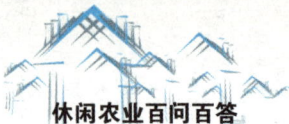

的和谐、平衡发展。

# 1 景观设计

## (1) 设计的原则

生态农业休闲园在设计时，必须遵守一定的原则，体现其主旨特性，即可持续发展、以农业为核心、合理布局。可持续发展是保证观光园生命力的核心要件，以农业为核心是开发景区的本初愿望，合理布局是体现观光园生命力、维持园区永久发展的重要保障。

## (2) 设计的类型

生态农业观光园在类型、布局等方面始终脱离不了一个景点本身应该具有的类型，但是有特色的景观类型对观光园的整体风貌有着巨大的影响力。景观类型主要包含自然景观、生产景观、人工景观、人文景观这4种类型。自然景观是指那些天然的地形、水源和绿色植物景观，设计时要以减少对原生态景观的破坏为前提，因地制宜，以保护为原则来指导开发活动。生产景观是指各种生产用地、生产方式、生产设施和农产品等与生产相关的物品。生产景观是农业观光园独有的资源，要尝试挖掘生产景观的多种价值。人工景观是指各类建筑物、道路、农田建设、农业和水利设施等。要统一规划人工景观，使其体现一定的主题特色。人文景观主要包括历史人物、民俗风俗等。设计时要深入挖掘当地的农耕文化资源，使其得到充分的展示。

# ② 产业规划

### (1) 规划的原则

产业规划是一项重要的内容，也是定位一个观光园的发展方向的过程。产业规划要综合考虑人文、地理、社会背景和经济发展态势等多项因素。要编制一个良好的产业规划，就要遵循因地制宜、彰显产业特色、生态经济社会和谐发展的原则。

### (2) 市场分析

市场的需求是产业规划的标杆，市场需要什么，就应该规划产业发展什么。简而言之，产业规划是以市场为导向的。初期阶段，要充分地调查和研究市场，选择匹配的产业来达到发展园区的目标；要有重点地选择行业和领域来开发研究，为以后的产业定位奠定基础。

### (3) 产业定位

产业定位包括园区发展方向、产业特色，确定园区发展的主导性产业等，要以园区的功能为前提，分析适合发展的产业。园区功能主导园区产业往什么方向发展，是开发园区的主要目的。园区功能涉及生产加工、技术创新与科技成果转化、科技示范、科技培训、生态旅游观光等。如果园区的功能主要是产品生产与技术创新，则产业定位要以第一、第二产业为主；如果园区的功能主要是休闲观光，则产业定位要以第三产业为主。

# *3* 休憩发展

## (1) 发展的原则

休憩设施是园区的重要组成部分，也是吸引游客的重要组件。发展休憩功能，应充分考虑游客的心理与生理需求，设计全面而鲜明的休憩设施设备。规划休憩设施设备时，要遵循以下几个原则：

- 以农为本　通过农园观光、参与劳动、体验当地风俗、获取农业生产知识等，把农业特色与旅游特色有机衔接起来，以创造出独具一格的农业旅游活动。

- 平衡农业发展和旅游发展　一方面要保证农业生产的正常进行，维护当地农民利益；另一方面也要保证旅游活动的正常开展，满足旅游者观光休闲的需求。

## (2) 休憩资源的利用

休憩资源包括生产资源、自然资源和人文资源。园区内要合理设置和布局三者的比例，保持协调，不能出现"头重脚轻"的现象。要将三种资源进行改造升级，以变换出独特的价值。生产资源可转化为体验式活动，让旅游者以生产资源为体验工具，感受当地的农事活动。自然资源可适当改造装饰，扩展多层次价值。人文资源可与生产资源进行组合，以组合出不同的价值体验，使之升级为可实体化的感受价值。

（资料来源：搜狐公众平台，唯美乡村，"三位一体"生态农业观光园计划，2016-06-12）

## 案例二
## 突出"六养"，打造养生主题农庄

养生主题农庄的打造，一般要围绕"六养"重点来进行。

## *1* 气养

空气的优劣直接关系人们的身体健康。雾霾严重的城市，对城市人群的生活、工作、健康影响很大。但在农村，特别是一些森林覆盖率较高的丘陵山区、生态环境较好的江湖水乡，又是别有一番天地。只要稍加宣传就能使城市人非常向往，争相去感受那富氧空气充盈的养生天堂。

## *2* 静养

远离灯红酒绿，寻找一片净土常常是旅游者选择田园休闲度假的主要动机。因此农业休养项目的规划中要注重度假项目的空间、氛围以及建筑风格的"静"，同时在视觉上也不宜用太为热烈的颜色。

## 3 动养

农耕体验是农业养生与近郊休闲旅游结合的主要形式。田园农耕不仅包含乡村农耕劳作活动，更重要的是挖掘一系列体现生命本源的生活方式和元素，结合"以动养生"的概念，打造有别于周边景区的田园景象和参与性高、趣味性强的休闲养生项目，以愉悦身心。

## 4 食养

美食的养身之道人人皆知，只要注重原料、加工等细节，就能让人感受到养生的快乐。

## 5 睡养

俗话说："睡得好，身体棒！"农庄客房设计要以舒适、整洁为主，房间装饰、用具尽量采用环保材料、环保家具用品等，少用或不用合成材料，使客人住得好、睡得香。

## 6 修养

"与世无争、自给自足"是农业文化的精髓，相关项目的规划开发必须围绕田园文化这根主线，塑造完整的乡村人文、凝聚本土文化个性、拓展文化空间，从乡村建筑、旅游服务设施、服务项目、旅游商品等方面体现田园文化、乡土文化的精髓，使之与养生主题更好地融为一体。

当前，诸多农业养生园区伴随着养生农业的发展而蓬勃兴起，农业养生园区又可分为以下几类：

- 养眼农园　园内种植具有强烈眼部保健功效的农作物，并配合大面积多彩的田园景观和娱乐设施等。

- 养颜农园　园内种植具有大面积养颜功效的农作物，打造特色养颜产品。

- 养脑农园　园内种植具有补脑健脑功效的农作物，养殖相关鱼类，另设有锻炼脑力的设备等。

- 养生农园　园内以种植中草药为主，配合各种药膳和健身运动等。

- 养心农园　通过特定的田园景观与活动，熏陶游人的性情，平和游人的心境。

- 私家健康牧场　农场内的动植物，人们可以认养，以生产专属自己的放心农产品。

（资料来源：山西农民报，陈婧，怎样打造一个养生主题农庄，2016－12－09）

## 案例三
## 欧美亲子农业经典模式

　　欧美亲子农业是在农业生产的基础上延伸开发的，具有引导城市家庭体验乡村氛围和田园生活的功能。

### 1 租赁模式

　　欧美亲子农业伴随着休闲农业的产生而产生，在经历了萌芽、观光采摘、操作体验度假三个阶段后，目前，欧美发达国家的休闲农业已经进入发展的最高阶段——租赁阶段，以亲子开心农场为代表的市民农园模式是农业租赁经济最具代表性的产物。通过这种租赁模式，城市儿童可以和父母一起体验农业生产、经营以及收获的全过程，享受农耕生活的乐趣。在德国，能够拥有或租赁一小块自有的土地，已成为继汽车、住房之后一种新的财富象征。

### 2 森林幼儿园模式

　　在德国，盛行面对 3～6 岁的幼儿园孩子完全户外的"自然教育法"，被称为"森林幼儿园"。在这类幼儿园的日常课程中，传统的教室被葱郁的黑森林取代，孩子们整日在户外活动，观察动植物、燃篝火、爬树、做游戏、画画，躺在由树桩和树枝做成的巨大"沙发"里休息。德国许多室内幼儿园每周都会带领孩子们去附近的森林里旅行。目前德国已有超过 1 500 个森林幼儿园。这种模式正逐步向英美、日本等发达国家扩展。

## 3 融合发展模式

绿色假期是一种现代农业与教育、旅游、生态等融合发展的模式，始于 20 世纪 70 年代，发展于 80 年代，到 90 年代已呈燎原之势。崇尚绿色、注重提高生活质量，在绿色假期出现后成为意大利人的新追求。同时，意大利的农业旅游已与现代化的农业和优美的自然环境、多姿多彩的民风民俗、新型生态环境及其他社会文化现象融合在一起，成为一个综合性项目，使整个农村成为一个"寓教于农"的生态教育农业园。

## 4 乡村博物馆模式

乡村博物馆是城市人缅怀乡村生活、农村当地人追忆往昔生活的场所，这种模式盛行于英国、德国、挪威、瑞典、加拿大等众多欧美国家。乡村博物馆往往以一个特色突出的村寨为载体，通过静态的设施展示和动态的生活展示满足参观者猎奇的心理，是兼具区域性、文化

性的民俗展示园地。对于儿童来说，乡村博物馆是了解乡村生活变迁、区域历史沿革的重要场所；对于父母来说，可以在这里追忆历史，给孩子讲述历史知识等。

# 5 乡村娱乐模式

在欧美亲子农业中，通过乡土化的休闲体验和趣味性的乡村娱乐活动，为消费者提供简单、有趣的乡村生活体验。在环境营造上，追求原汁原味，注重对自然、人文景观的保护，尽一切可能将旅游对自然景观的影响降至最低；在交通工具上，以步行为主，拖拉机、观光马车、小火车、自行车等是最常见的交通工具；在产品设计上，以简单化、原生态和趣味性为主，玉米迷宫、稻草堆、小猪赛跑、牧羊犬赶羊等都是备受青睐的亲子项目。

# 6 农业创意节庆模式

在美国农业节庆中，有南瓜节、草莓节、樱桃节等创意节庆活动。美国很多地区都有草莓节，北卡罗来纳州草莓节、田纳西州草莓节、加利福尼亚州草莓节、佛罗里达州草莓节等农业节庆历史悠久、形式多样，包括草莓采摘品尝、副产品加工制作、草莓小姐选举等，还专门针对儿童和残疾人设计了众多娱乐项目。

（资料来源：中国乡村旅游网，值得借鉴研究的欧美亲子农场模式，2016-05-26）

# 案例四
## 花样百出的台湾休闲农业

我国台湾的现代农业起步早、质量高。20 世纪70 年代末，台湾开始推广以观光、休闲、采摘为主要内容的观光农园。至 80 年代后期，观光农园向内容更丰富的休闲农业发展。就地取材，量体裁衣，在当地特色农业的基础上，这种"农业＋旅游业"性质的农业生产经营形态在发展农业生产、维护生态环境、扩大农业旅游的同时，实现了提高农民收益与繁荣农村经济的目的。

历经几十年的发展和完善，台湾休闲农业呈现出多元化发展的态势，有观光农园、休闲农场、教育农园、休闲牧场等类型。以农业旅游为主导的休闲产业取得了明显成效，成功地将岛内各地的自然、文史资源和乡村生产、乡村景观结合起来，在旅游、教育、环保、医疗、经济、社会等方面发挥着重要作用。

时至今日，台湾休闲农业蓬勃发展，岛内各地休闲场所将当地特色与优势放大，衍生产品极富特色和创意，体验活动也是花样百出，受到游客的热烈追捧，已成功地在国际上打响了品牌。

# *1* 观光农园

观光农园是指具有农业特产的地区，通过规划建设成为具有观光休闲与教育价值的农业园区，包括观光果园、观光茶园、观光菜园、观光花园、观光瓜园等。观光农园内提供观光游客所需的各种服务设施，以便游客体验采收农特产的乐趣并了解农特产生产过程，寓教于乐，满足游客的休闲娱乐需求。

## ◎新光兆丰休闲农场◎

新光兆丰休闲农场位于我国台湾省风景秀丽的花东纵谷内，占地达 726 公顷，是台湾少见的大型观光农场之一，也是花东纵谷内相当知名的休闲去处。当车子行走在花东纵谷台九线，经过凤林镇时，视线总会被路旁醒目的乳牛标志所吸引，进而想去一探究竟。农场园区内，大型精致的欧式花园、展现牧场风光的乳牛区和牧草区、四季皆有水果产出的果园区……为游客提供了多样化的休闲空间。

# *2* 休闲农场

休闲农场是台湾省各种农业类型中的典型。休闲农场具有多种自然资源，如远山、山溪、水塘以及多样化的景物景观、特有动物及昆虫等，因此可开发多种类型的活动项目。常见的休闲农场活动项目包括农

园体验、儿童活动、自然教室、农庄民宿、乡土民俗
活动等。

◎香格里拉休闲农场◎

香格里拉休闲农场位于我国台湾省宜兰县，被誉为
台湾休闲农场的"鼻祖"，四面环山，与天然的梅花湖
为邻，占地面积 55 公顷，景致十分清丽。游客可在农
场里登高远眺，枕着满天星斗入眠；也可漫步林野，在
萤火虫群舞中追寻童年；更可参加放天灯、搓汤圆、打
陀螺等民俗活动，以及手工竹蝉制作、天然染料彩绘 T
恤等 DIY 项目。同时，这里也是一间内容最为丰富的自
然教室，生物种类包罗万象，各年龄段的人均可在此获
取大自然的宝贵知识。

# 3 教育农园

教育农园是利用农场环境和产业资源，将农场改造
成学校的户外教室，具有教学和体验活动的场所。在教
育农园里，各类树木、瓜果蔬菜均有标牌，例如，有昆
虫（如蝴蝶）是怎样变化来的鲜活生动的教材。游客在
此参与农业、了解农产品的生产过程、体验农村生活，
尤其为城市的青少年了解自然、认识社会、了解农业和
农村文化，创造了条件。

◎台一生态教育休闲农场◎

台一生态教育休闲农场位于我国台湾省南投县，是
一个以生态农业建设为依托、以自然生态教育为宗旨的
农场。结合生态植物科普展示、热带植物园观光等内容

的花卉种苗业务，是其经营者主要的收入来源。

园区规划了多项具有自然生态、教育展示和休闲娱乐的功能区，如全亚洲最大的蝴蝶生态馆、生态标本区、热带植物园等具有生态教育意义的展示区；还有生态酒店"花泉卉馆"、水边度假木屋、南芳花园宴会厅等休闲配套设施，可以满足不同人群的度假休闲活动。

值得一提的是，园内许多景观设施的设计配合全球领先的垂直绿化理念，在建筑物的立面及屋顶均进行绿化装饰美化，大大增加了视线范围内的绿化量，又减少了阳光的直射，构成了典型的低碳建筑。

# 4 休闲牧场

休闲牧场是以先进的设施和高科技技术生产名、特、优、新农产品，并以此吸引游人，并向人们展示先进的生产技术和多姿多彩的农产品。

## ◎飞牛牧场◎

以牧场风光驰名的飞牛牧场地处我国台湾省苗栗县通霄镇，占地45公顷，场内林木青葱翠绿、繁花茂盛。一眼望去，牧场草原辽阔无际，一派自然豪迈的恬适风情；蜿蜒的木围篱内，黑白相间的牛悠然踱步，氛围悠闲清新；空气中的青草香，令人神清气爽。

如今，在休闲农业的风潮下，牧场除了畜牧本业外，也转型成农村体验、生态保育、自然休闲的度假乐土。在这里游客不但可以亲手挤牛奶，还能在特色餐厅试吃牛奶火锅，品尝手雷造型的牛奶布丁。更有趣的是，牧场还打造出牛奶的各类衍生产品，成为游客爱不释手的伴手礼，其中不少项目更直接开放给游客亲手制作。

（资料来源：中农富通，《农业概览》第 284 期，2016－05－23）

# 案例五
# 杨值芬：圆梦生态农庄

"想要得到你从未有过的东西，就得做你从未做过的事！"这是一直激励杨值芬艰辛创业取得成功的铿锵誓言。正是因为这句誓言，她坚定了回乡创业、誓让家乡换新颜的决心。

## ◎1 000 元钱闯市场◎

每一次成功的背后，都不知付出多少艰辛和汗水。2005 年，21 岁的云南省昭通市水富县向家坝镇水东村上村组女青年杨值芬，背着一个挎包，带着辛苦攒下的1 000元钱依依不舍地离开了父母和家乡，独自一人来到了上海，迈出了外出打工的第一步。当时她还是一个小女孩，面对这灯红酒绿的大都市，很茫然也很无奈。经过一番闯荡后，她去了一家服装店应聘导购员。经过一年的锻炼，有了一定的服装销售经验后，她大胆跟亲戚朋友借了 10 万元钱，租了一间30 米²的门面，开始经营属于自己的服装店。为了不让投入的 10 万元钱打水漂，她每天早出晚归，苦苦经营，有时忙得顾不上吃饭，不知不觉，体重一下子从之前的 50 千克降到了 40千克。身体瘦了，但服装店的生意红火起来了，一年后她又用赚来的钱把店面扩宽到了 60 米²。就这样，6 年的服装生意让她赚到了 100 多万元，但更多的是让她赚到了沿海开放城市的思维和理念。

◎回乡圆梦建农庄◎

2011 年下半年，杨值芬转让了自己苦心经营的服装店，毅然离开上海，回到了日夜思念的故乡水富县。回到水富，她一边带好儿子，一边和一个好姐妹孙介萍共同筹资 40 万元转接了一家超市。经过苦心经营，超市生意越做越好，她俩只用了 3 年时间就赚到了 200 多万元。

每当杨值芬回到她的家乡水东村上村组，看见山清水秀的上村和贫穷的父老乡亲一脸愁容时，她的思乡情结油然而生——怎样才能改变家乡贫穷的面貌，不再让父老乡亲过着贫穷的日子？水东上村距水富县城 9 千米，距水麻高速公路出口 5 千米，青山环绕，溪水潺潺，环境优美，交通便捷，自然条件得天独厚。她萌生了回乡创办农业生态园的念头，立志带动乡亲们脱贫致富。这一想法，得到了向家坝镇党委、政府的大力支持，其帮助杨值芬协调和流转了土地。不久，杨值芬注册成立了水富汇成农业有限公司，并邀约几个好朋友入股，在上村发展生态种植、养殖、酿酒和观光、旅游、休闲农业，打造生态农庄，形成以农庄建基地、以基地带农户，辐射带动本村及周边农户发展生态农庄经济，实现生态效益、经济效益和社会效益的和谐发展和共生共荣。

经过几年的发展，农业庄园建成了纯粮酿酒厂、生猪规模化养殖场、生态养牛场，实现林下放养土鸡、生态养鸭、溪水生态养鱼，种植水蜜桃、猕猴桃、葡萄

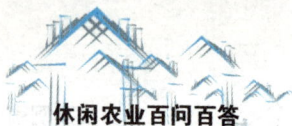

等。庄园以实现生态循环经济为目标，用优质的粮食和优质的山泉酿造龙潭白酒，用酒糟制作成牛、猪、鸡、鸭、鱼等的饲料，通过化粪池等方式将养殖动物的粪便用于沼气制作和林下农家肥，并将养殖、种植等繁育技术无偿提供给周边农户进行科学管理和饲养，同时发展垂钓、野味馆、茶庄等餐饮、旅游、休闲项目。而旅游业、休闲业又可以消化农庄的产品，并节省了大量采摘、运输、销售等费用及损耗，以实现农业向餐饮业、旅游业、休闲业的发展，形成了行业之间的大循环，从根本上解决了农产品的销售问题，实现了效益的最大化。

经过努力，至 2016 年 7 月，共投入 600 多万元，流转了土地 500 亩①，租期 20 年，受益农户 130 余户、500 多人，每年支付给农户的土地租金达 30 余万元，招收长期务工农民 30 余人，不仅使群众有了租地收入，还有了稳定的务工收入。

公司建有 800 米² 的白酒酿酒坊，年产白酒 80 余吨，年销售产值达 160 多万元；建有 1 500 米² 的生猪养殖场，年出栏生猪 1 200 头；建有梯级溪水养鱼池塘 3 000 米²，年产活水鱼 7 500 千克；种植 200 亩水蜜桃，建有超过 900 米² 的农家休闲庄园等，形成了集乡村旅游、农家餐饮、生态种养殖、娱乐休闲观光为一体的生态农业庄园。

（资料来源：中国财经新闻网，记者鲁宽，通讯员王明贵，2016 - 07 - 22）

---

① 亩为非法定计量单位，1 亩≈667 米²。

# 案例六
## 两个女生的紫色梦想，10 年总营业收入 5 亿元

### ◎两个女孩的乡野梦◎

一个银行工作人员和一个钢琴老师，她们梦想能在一个身心安静的地方拥有一亩自己的薰衣草田。一次机缘相遇，两人扛着全部家当来到山很多、树很多的我国台湾省台中县新社乡中和村，种起了向往已久的薰衣草，没想到这仅仅是一个开始。多年后，她们携手打造出一座梦幻的薰衣草森林，实现了她们的紫色梦想。

### ◎种薰衣草，晒刚升起来的太阳◎

10 年前一个初夏的傍晚，詹慧君在诚品书店漫不经心地翻看杂志，忽然一页图片引起她的注意。那是日本北海道暑假旅游的推介广告，一大片薰衣草浩浩荡荡地向地平线延伸过去，就像一片紫色的海洋，她痴痴地看着这张照片，完全浸染在薰衣草浪漫的紫色中。

随后，她开始收集有关薰衣草的资料，令人惊喜的是，台北市居然就有人在推广种植薰衣草。那是一个从日本留学回来的男生，名叫尤次雄，身份是香草协会的会长。詹慧君立刻跑到尤次雄的香草园参观，并参加协

会举办的香草教学课程，认识各种植物，学习如何将香草运用在饮食上。

这样的梦想似乎是日后"薰衣草森林"的一剂酵母。随后，一些奇妙的因缘让她与来自高雄市的钢琴老师林庭妃相遇，两人一拍即合，开始了经营"薰衣草森林"的乡野梦。

被选中的土地离城市很远，地图上没有标识，手机也派不上用场。小路沿着潺潺小溪平缓而上，层层山峦，阳光空气在树林花丛间游走。梅花、桃花、梨花、山樱花、油桐花、桂花在季节的变化中轮番上演，萤火虫、野兔、竹鸡、大冠鹫在山林间自在出没。犯罪现象在此绝迹，晚上睡觉大门不必上锁，离家几天不必担心发生偷窃，仿佛就是传说中的世外桃源。更棒的是，林庭妃的舅舅王先生自愿提供自家土地，撮合两个女孩合伙创业。

在节省成本的考虑下，詹慧君与林庭妃从锄草、整地、挖土、搬石头开始亲力亲为，排列步道、种花种草，直到建起一家拥有一小片薰衣草的景观咖啡馆——薰衣草森林。早上，詹慧君终于可以在薰衣草的香气中醒来，晨光穿过窗外的叶缝洒在床边。趁一天的工作开始之前，她形容自己"像只鱼似的在森林里慢慢地游荡"，山坡的草地是她的海，她在海里漂浮，晒刚爬上山头的太阳。

然而，创业的艰辛令人难忘。刚上山时，出门是林庭妃最讨厌的事，迂回的山路常使吃了晕车药的她依旧狂吐不止，好不容易东转西绕到了市区，却又在都市迷宫里找不到回山的路。这种狼狈直到一年半以后才被克服。现在，她终于可以欣赏山路两边的景色，每隔一段时日下山，都会有新的发现。

一月，青绿中缀着白色的梅花点点；三月，闻得到柚子花的清香；四月，曼陀罗像串串风铃倒挂在树梢，晚上则有提灯飞舞的萤火虫；五月，雪白的油桐花铺了一地……夏天经常是晴空万里的好天气，可以看见对面山头翱翔的大冠鹫；冬天寒流来时，则会罩上大雾，5米外的景物也看不见。"如果不是薰衣草森林的因缘，这些美丽的自然景色跟我的人生恐怕不会产生交集。"林庭妃说。

◎温情第一，把生意做成文化◎

第一天开张的情形，两个女孩至今记忆犹新。她们总共赚了 3 000 多元新台币。虽然不多，但刻骨铭心。当晚打烊之后，两人在柜台结账，数着自己的"第一桶金"，林庭妃激动到没法好好把钱算完。不过，更令人激动的是，顾客在留言簿上称赞这里的宁静美丽，其中一位新西兰来的客人，说薰衣草森林像家和天堂。

为了推广咖啡馆，她们当然没有错过网络。不到 3 个月，顾客的暴增超乎想象。用专栏作家陈文茜的话来说："这里从不拒绝有理想的人。""在网络世界里互相串联，山里头一条窄窄小路，薰衣草森林就开始有了络绎不绝的游客。"林庭妃这样形容两人的创业："本来只是想开一家可以种香草过简单生活的山中咖啡店，意外受到许多朋友的喜爱。我们不得不跟着加快步伐，像是顺着大风而起，一下子就飞得好远。"

当初开始经营的时候，几乎所有人都认为不可能有成功的希望，其中有纵横商场的专业经理人，有见过世面的媒体记者，也有久居深山的村夫农妇，不同背景的人想法一致，加起来可以挤满一卡车。

摄影师郭定原也是挤在那辆卡车里的乘客之一。开店前，詹慧君请他上山帮忙拍些园区的照片，在绕过弯弯曲曲、宽窄不一的山路抵达园区后，他问詹慧君："路这么狭窄，以后生意好起来大塞车怎么办？"詹慧君很认真地想着郭定原提出的问题，然后为难地说："不知道该怎么办啊，又没钱可以拓宽马路。"她居然没听出他话中的反讽语气，根本不会有人来，怎么可能大塞车？不料，郭定原的戏言在几个月后成了现实。

开张后第一个大年初二，郭定原一早骑摩托车出发，接近薰衣草森林的山区时，不可思议的事情发生了。他被塞在缓慢移动的车流中，在一辆辆头尾相衔的车阵中蛇行前进。抵达薰衣草森林时，园区外大排长龙，园区里人山人海，竟然比百货公司还热闹。因为生意红火，两个女孩随后在台湾的乡间陆续开起了分店。

"这些餐厅都不开在城市，一定让你到郊外去。冬天到了山上，会有壁炉。虽然外面很冷，但是一进去非常温暖。"调来北京工作的芳疗师陈桂华曾经在山上工作过两年，她把薰衣草森林比喻为"温情的商品"。"从客人进门就有一套细致的服务，如先奉上一杯饮料。在阿里山，还会奉上一杯当地特有的黑糖桂圆茶。"曾在阿里山分店用餐的陈桂华对当时的新鲜食材记忆犹新，"她们甚至会用上阿里山的山葵。新鲜的山葵磨成酱配生鱼片吃，是高级日式料理的吃法，在日本很有名。"

◎崇尚慢活，幸福要慢慢来◎

从创业的第一天开始，詹慧君和林庭妃就喜欢把客人当成家里的朋友，让他们"吃上平时吃不到的东西"。

为了传递心中的"爱"与"幸福"，两个女孩旗下的任何"据点"都不接团客，不跟旅行社合作，营造的是一个彻底远离尘嚣的环境。其中，"缓慢民宿"更是一大创新，没有电视，没有喧嚣，一切都是缓慢地进行。据我国台湾《天下》杂志报道，在台湾，缓慢民宿一直都拥有让顾客等待的实力，可谓"一房难求"。在嘉义奋起湖与北县金瓜石两处分店的缓慢民宿，曾创下开放 3个月后，不到 30 分钟内，涌进 4 万笔入住订单的纪录。直到今天，还是要提前两个月预订。

金瓜石的缓慢民宿安静地蛰伏在山腰上，碧海蓝天在窗前无声地依气候幻化景色。房内陈设除实用功能的考虑外，更注重为客人带来心情上的愉悦。詹慧君说，壁炉让人感受到家的温馨，幸福信箱则方便住客寄明信片给亲友，分享旅游点滴。2010 年，缓慢民宿甚至开到了日本北海道，首创我国台湾民宿在日本设点的先例，投入到以高质量服务、多元创意见长的日本民宿领域中，展开国际竞争。两个女孩当年不被看好的薰衣草森林创业梦已然实现，一家小小的咖啡馆，如今一跃成为台湾休闲产业界的主角。

如今，薰衣草森林已经有多家分店，她们在苗栗三义还开了一家客家料理"桐花村"，再加上"缓慢民宿""香草铺子"，House 民宿"心之芳庭"（以婚宴为主营项目的欧式景观园区），10 年时间，两个女孩创立了 5个品牌，2010 年总营业收入达 5 亿元新台币（约合 1亿元人民币）。在朋友眼里，虽然两个女孩经常"不切实际"，但明眼人心里很清楚，这是薰衣草森林能有今日的关键。"太理性做出来的产品没有特色，趋于雷同"，两个女孩其实是"最聪明的老板"。

为了鼓励年轻人创新创业，两个女孩捐出部分利润，提供每人5万元新台币的创意创业圆梦基金，还免费打造一家"山居岁月"民宿，再以50万元新台币的年薪，让有心创业的年轻人当一年香草House民宿的主人。每年慕名而来的考察团也有很多，其中就有在大陆地区专业从事休闲文化创业考察的奔田考察团队。

如何平衡梦想与现实，对詹慧君和林庭妃来说，这样的考量经常是一种挑战，虽然常会陷入理想与现实的挣扎，但她们依然充满活力，因为两人都很重视起心动念，"只要那个念头对了，一切都会如此不同。"我们总是在怀疑自己的梦想是不是很可笑，但还没行动又怎么知道答案？或者，我们可以来一场说走就走的实地考察，去看看人家的休闲农业是怎么做起来的，去听听一些专家的专业讲解，去跟那些有经验的农场主交流交流梦想实现的心得，专注地去做一件事情，我们定能做得比别人更专业。

（资料来源：搜狐公共平台，农学谷商学院，两个女生的紫色梦想，10年总营业收入5亿元，2016-05-17）

# |主要参考文献|

陈娆，田淑敏，2005. 农业经济管理 [M]. 北京：高等教育出版社.

范子文，2014. 北京休闲农业升级研究 [M]. 北京：中国农业科学
　　技术出版社.

何利良，李荣德，2010. 市场营销 [M].2 版. 北京：中国农业出版社.

侯元凯，刘庆雨，2012. 休闲农业怎么做——资源与构建 [M]. 北
　　京：中国农业出版社.

李倩兰，王政，2008. 市场营销 [M]. 北京：中国农业出版社.

李雪，张舜尧，王雪错，2013. 中国最有影响力休闲农业节庆 [M]. 北
　　京：中国农业科学技术出版社.

吕彦，2014. 休闲农业实战营销 [M]. 北京：中国农业出版社.

马俊哲，冯桂真，张越，2014. 美丽乡村 100 问 [M]. 北京：中国
　　农业出版社.

姚允聪，文樵夫，沈红香，等，2009. 休闲农业 100 问 [M]. 北京：
　　中国农业出版社.

# 后 记

　　休闲农业是依托农村风情风貌、农民劳动生活、农业生产过程，供人们休闲、体验、娱乐的新型农业生产经营形态。发展休闲农业不仅是我国农村经济的新亮点，也是重要的民生产业和新型消费业态，促进包括妇女在内的农民脱贫致富的好路子，精准扶贫的好途径。休闲农业是妇女参与度较高的农业发展新领域，不仅能够实现妇女就地就近居家灵活就业创业、增收致富，也能够有效推动留守儿童、留守老人等问题的解决，带动美丽乡村建设，促进农村的和谐稳定。在深入调研的基础上，我们组织专家编写此书，加深姐妹们对休闲农业有关理论的认识和理解、提升姐妹们发展相关产业的能力，同时也希望对姐妹们从事休闲农业的具体实践有一定的指导作用。

　　由于编者水平有限，加之成书时间紧，书中难免出现疏漏和不妥之处，敬请广大读者批评指正。

编　者

2017 年 7 月